冶金工业出版社

普通高等教育"十四五"规划教材

工程流体力学实验指导书

王雁冰　杨　柳　编著

U0319662

北　京

冶金工业出版社

2022

内 容 提 要

本书系统介绍了工程流体力学实验的基本理论和方法，全书分四大部分，涉及22个实验，包括：基础性实验、演示性实验、进阶实验和创新设计实验。对每个实验从实验目的、实验原理、实验步骤、实验注意事项及实验报告内容进行了比较详细的叙述，使学生循序渐进地理解流体的黏性、温度、摩擦及流体经过各种局部障碍装置产生能量损失的原因等。

本书可供高等院校土建类、机械类、环境类及工程力学类专业的学生使用，也可供从事相关专业的工程技术人员和研究人员参考。

图书在版编目（CIP）数据

工程流体力学实验指导书／王雁冰，杨柳编著．—北京：冶金工业出版社，2022.2

普通高等教育"十四五"规划教材

ISBN 978-7-5024-9038-6

Ⅰ.①工… Ⅱ.①王… ②杨… Ⅲ.①工程力学—流体力学—实验—高等学校—教材 Ⅳ.①TB126-33

中国版本图书馆 CIP 数据核字（2022）第 015876 号

工程流体力学实验指导书

出版发行	冶金工业出版社	**电　话**	(010)64027926
地　址	北京市东城区嵩祝院北巷 39 号	**邮　编**	100009
网　址	www.mip1953.com	**电子信箱**	service@ mip1953.com

责任编辑　郭冬艳　美术编辑　彭子赫　版式设计　禹　蕊
责任校对　梁江凤　责任印制　禹　蕊
北京虎彩文化传播有限公司印刷
2022 年 2 月第 1 版，2022 年 2 月第 1 次印刷
787mm×1092mm　1/16；8.25 印张；196 千字；121 页
定价 39.00 元

投稿电话　(010)64027932　投稿信箱　tougao@cnmip.com.cn
营销中心电话　(010)64044283
冶金工业出版社天猫旗舰店　yjgycbs.tmall.com
（本书如有印装质量问题，本社营销中心负责退换）

前　言

　　工程流体力学是高等工科院校土建类、机械类、环境类及工程力学各专业的主要技术基础课程，而工程流体力学实验是补充课堂讲授的基本理论知识的必要环节。通过"工程流体力学"实验，使学生增强对流体在圆管中的流动状态的感性认识，对流体的黏性、温度、摩擦及流体经过各种局部障碍装置产生能量损失的原因等有较深刻的理解，培养学生初步掌握实验研究的能力，正确处理实验数据的能力和分析实验结果，以及撰写实验报告的能力。

　　作者根据高等教育培养目标的要求，在充分考虑相关专业的基础上，根据教学的基本要求和近年来对实验教学的一些改革，结合本校流体力学实验室现有的实验设备，并参考了国内外同类教材、相关文献资料编写了本书。

　　本书分为四大部分，涉及 22 个实验，包括：基础性实验、演示性实验、进阶实验和创新设计实验。其中基础性实验共 7 个，分别为雷诺实验、沿程阻力系数测定实验、毕托管测速实验、孔板流量计实验、文丘里流量计实验、局部阻力系数测定实验和伯努利方程实验；演示性实验共 6 个，分别为流态演示实验、流谱流线演示实验、水击演示实验、紊动机理演示实验、静压传递自动扬水演示实验和自循环虹吸原理演示实验；进阶实验共 8 个，分别为孔口与管嘴出流实验、堰流实验、液体相对平衡实验、动量方程实验、达西渗流实验、矩形弯管内的流动实验、平板附面层实验和水跃实验；创新设计实验 1 个，为煤矿通风阻力测定实验。每个实验从实验目的、实验原理、实验步骤、实验注意事项及实验报告内容进行了比较详细的叙述，希望读者学有所得并从实验中得以感悟。

　　本书的编写工作参考了相关教材、实验指导书、著作和论文，得到了中国矿业大学（北京）深部岩土力学与地下工程国家重点实验室的大力支持，同时书中内容涉及的有关研究得到了国家自然科学基金川藏铁路重大基础科学问题专项资助（41941018），在此一并表示由衷的感谢。

　　由于作者水平有限，书中不妥之处，敬请读者批评改正。

作　者

2021 年 11 月

目　　录

第一部分　基础性实验

0　基础性实验设备介绍 ································· 3

0.1　实验装置的简介 ····························· 3

0.2　实验的准备步骤及实验报告要求 ··············· 9

实验 1　雷诺实验 ······························ 12

1.1　实验目的 ································· 12

1.2　实验原理 ································· 12

1.3　实验步骤 ································· 13

1.4　实验注意事项 ····························· 15

1.5　实验报告内容 ····························· 16

实验 2　沿程阻力系数测定实验 ····················· 18

2.1　实验目的 ································· 18

2.2　实验原理 ································· 18

2.3　实验步骤 ································· 20

2.4　实验注意事项 ····························· 21

2.5　实验报告内容 ····························· 21

实验 3　毕托管测速实验 ························· 25

3.1　实验目的 ································· 25

3.2　实验原理 ································· 25

3.3　实验步骤 ································· 26

3.4　实验注意事项 ····························· 27

3.5　实验报告内容 ····························· 28

实验 4　孔板流量计实验 ························· 30

4.1　实验目的 ································· 30

4.2　实验原理 ································· 30

4.3　实验步骤 ································· 31

4.4　实验注意事项 ····························· 32

4.5　实验报告内容 ·· 33

实验5　文丘里流量计实验 ······································· 35

5.1　实验目的 ··· 35
5.2　实验原理 ··· 35
5.3　实验步骤 ··· 37
5.4　实验注意事项 ·· 38
5.5　实验报告内容 ·· 39

实验6　局部阻力系数测定实验 ································· 41

6.1　实验目的 ··· 41
6.2　实验原理 ··· 41
6.3　实验步骤 ··· 44
6.4　实验注意事项 ·· 45
6.5　实验报告内容 ·· 45

实验7　伯努利方程实验 ··· 48

7.1　实验目的 ··· 48
7.2　实验原理 ··· 48
7.3　实验步骤 ··· 50
7.4　实验注意事项 ·· 51
7.5　实验报告内容 ·· 51

第二部分　演示性实验

实验8　流态演示实验 ··· 57

8.1　实验目的 ··· 57
8.2　实验装置 ··· 57
8.3　实验原理 ··· 57
8.4　实验内容 ··· 58
8.5　实验步骤 ··· 59
8.6　思考题 ·· 60

实验9　流谱流线演示实验 ······································ 61

9.1　实验目的 ··· 61
9.2　实验装置 ··· 61
9.3　实验原理 ··· 61
9.4　实验步骤 ··· 63

9.5　思考题 ……………………………………………………………… 63

实验 10　水击演示实验 ……………………………………………… 64

10.1　实验目的 ………………………………………………………… 64
10.2　实验装置 ………………………………………………………… 64
10.3　实验原理 ………………………………………………………… 64
10.4　实验步骤 ………………………………………………………… 66
10.5　思考题 …………………………………………………………… 66

实验 11　紊动机理演示实验 ………………………………………… 67

11.1　实验目的 ………………………………………………………… 67
11.2　实验装置 ………………………………………………………… 67
11.3　实验原理 ………………………………………………………… 67
11.4　思考题 …………………………………………………………… 69

实验 12　静压传递自动扬水演示实验 ……………………………… 70

12.1　实验目的 ………………………………………………………… 70
12.2　实验装置 ………………………………………………………… 70
12.3　实验内容 ………………………………………………………… 70
12.4　思考题 …………………………………………………………… 71

实验 13　自循环虹吸原理演示实验 ………………………………… 72

13.1　实验目的 ………………………………………………………… 72
13.2　实验装置 ………………………………………………………… 72
13.3　实验内容 ………………………………………………………… 73
13.4　思考题 …………………………………………………………… 74

第三部分　进　阶　实　验

实验 14　孔口与管嘴出流实验 ……………………………………… 77

14.1　实验目的 ………………………………………………………… 77
14.2　实验装置 ………………………………………………………… 77
14.3　实验原理 ………………………………………………………… 77
14.4　实验步骤 ………………………………………………………… 79
14.5　注意事项 ………………………………………………………… 79
14.6　实验分析及思考 ………………………………………………… 79
14.7　实验讨论及思考 ………………………………………………… 80

实验 15　堰流实验 ··· 81

 15.1　实验目的 ··· 81

 15.2　实验装置 ··· 81

 15.3　实验原理 ··· 83

 15.4　实验内容 ··· 84

 15.5　实验步骤 ··· 85

 15.6　实验分析及思考 ··· 85

实验 16　液体相对平衡实验 ·· 87

 16.1　实验目的 ··· 87

 16.2　实验装置 ··· 87

 16.3　实验原理 ··· 88

 16.4　实验步骤 ··· 89

 16.5　实验注意事项 ··· 89

实验 17　动量方程实验 ·· 90

 17.1　实验目的 ··· 90

 17.2　实验装置 ··· 90

 17.3　实验原理 ··· 90

 17.4　实验步骤 ··· 92

 17.5　实验分析及思考 ··· 92

实验 18　达西渗流实验 ·· 93

 18.1　实验目的 ··· 93

 18.2　实验装置 ··· 93

 18.3　实验原理 ··· 94

 18.4　实验内容及注意事项 ··· 95

 18.5　实验分析及讨论 ··· 95

实验 19　矩形弯管内的流动实验 ··· 97

 19.1　实验目的 ··· 97

 19.2　实验装置 ··· 97

 19.3　实验原理 ··· 97

 19.4　实验步骤 ··· 98

 19.5　实验分析及思考 ··· 98

实验 20　平板附面层实验 ··· 100

 20.1　实验目的 ··· 100

20.2　实验装置 ……………………………………………………………… 100

20.3　实验原理 ……………………………………………………………… 100

20.4　实验步骤 ……………………………………………………………… 102

20.5　实验分析及思考 ……………………………………………………… 103

实验 21　水跃实验 …………………………………………………………… 105

21.1　实验目的 ……………………………………………………………… 105

21.2　实验装置 ……………………………………………………………… 105

21.3　实验原理 ……………………………………………………………… 106

21.4　实验步骤 ……………………………………………………………… 107

21.5　实验分析及思考 ……………………………………………………… 107

第四部分　创新设计实验

实验 22　煤矿通风阻力测定实验 ………………………………………… 111

22.1　实验目的 ……………………………………………………………… 111

22.2　实验装置 ……………………………………………………………… 111

22.3　实验原理 ……………………………………………………………… 111

22.4　实验方法与步骤 ……………………………………………………… 113

22.5　注意事项 ……………………………………………………………… 114

22.6　实验分析及思考 ……………………………………………………… 114

附录 …………………………………………………………………………… 116

参考文献 ……………………………………………………………………… 121

第一部分　基础性实验

0 基础性实验设备介绍

0.1 实验装置的简介

0.1.1 实验装置的基本原理

本流体运动多功能实验台是由上海大有仪器设备有限公司设计制造的，通过雷诺实验介绍圆管层流和紊流的流动现象的区别，并测量相应的雷诺数；通过沿程阻力实验和局部阻力实验介绍圆管流动过程中阻力的测量和计算知识；再通过毕托管、孔板和文丘里流量计测流量实验介绍圆管中流体流速的测量方法。通过以上实验的安排和操作，逐步接触和了解流体运动基本方程（伯努利方程）中每一项的意义和计算过程，从而进行伯努利方程实验，综合学习和掌握圆管中伯努利方程的测量与计算过程。通过对本实验的操作和学习，熟悉掌握基本流体运动中的压力、流速和流量的测量方法及原理（见图 0-1）。

图 0-1　流体力学实验室

综合以上基本实验目的及内容的安排，本实验台在实验项目上设置了：
（1）雷诺实验；
（2）沿程阻力系数测定实验；
（3）毕托管测速实验；
（4）孔板流量计实验；
（5）文丘里流量计实验；
（6）局部阻力系数测定实验；

（7）伯努利方程实验。

本实验台的实验管供水为自循环，采用恒压供水方式，实验管中的水流作用压头恒定，且实验中的水可以循环使用，不会造成浪费。雷诺实验中的指示剂为配制而成的颜色水，可延时消散，不会对管路造成污染。本实验装置中的各个测压点制作精良，减少对压力水头测量的干扰。

恒压水箱在实验时应始终保持溢流状态（通过恒压水箱内的溢流板溢流），其水箱水位始终保持恒定不变。溢流量太大水面不易平稳，溢流量大小可由水泵上水阀门的开度来调节。尽量使水面平稳，实验作用水头可以恒定。

液面不齐平可能是空气没有排尽，必须重新排气。排气泡可采用管路上铜阀排气，洗耳球吸气以及不断的开关阀门等方法。

本实验装置测压管粗细相同，避免粗细不同的测压管的毛细现象不同使得压力测量出现偏差。

本实验台为数字型实验台。实验管的流量由安装在管尾的总压管和静压管的压差（动压）通过压力传感器、PLC、数据处理软件采集、计算和显示。数据处理软件可自动处理数据，可以在触摸屏上操作实验。

通过本实验台，学生可了解流体运动的基本原理，增加对流动现象的感性认识和对流体运动基本概念和计算公式的理解。学习一些常规的流体运动学实验的基本实现方式和操作及测量的方法。认识一些常规的，应用广泛的流量测量部件的构造、原理和使用方法。

0.1.2 实验台的详细介绍

实验装置如图 0-2 和图 0-3 所示。

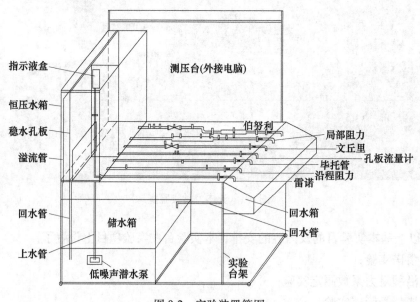

图 0-2 实验装置简图

测压台如图 0-4 所示。

实验台框架采用不锈钢制作，安装移动轮，实验台可移动。

　　储水箱采用 ABS 材质制作，安装放空阀，储水箱内部有潜水泵，潜水泵出口连接至恒压供水器进水管。

　　有机玻璃制作的恒压供水器，采用溢流板来恒定供水水压，采用稳水孔板来减小水流的波动，使得作用水头变化较小。

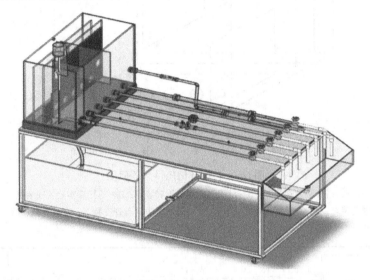

图 0-3　实验装置图

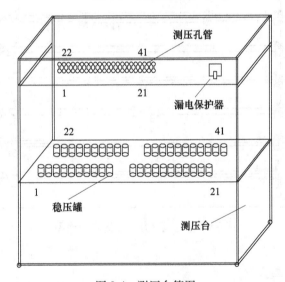

图 0-4　测压台简图

　　自配颜色水指示剂，具有显示清晰，延时消散，减小管路污染等功能。并安装有不锈钢颜色水管路，通过不锈钢管路将颜色水送到雷诺实验管管口处。

　　有机玻璃材质实验管，内直径为 14mm，实验管进口处装有一变径管，有利于稳定颜色水直线的形成，尾部装有铜阀用来调节实验流量。

　　实验台尾部配有有机玻璃材质回水箱，回水箱下部配有 ABS 材质回水管，使得实验流体——水得到循环使用，节约水资源（见图 0-5 和图 0-6）。

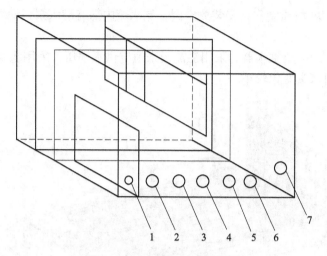

图 0-5　自循环恒压供水器原图

1—雷诺实验管安装点；2—沿程阻力实验管安装点；3—毕托管实验管安装点；
4—孔板实验管安装点；5—文丘里实验管安装点；6—局部阻力实验管安装点；7—伯努利方程实验管安装点

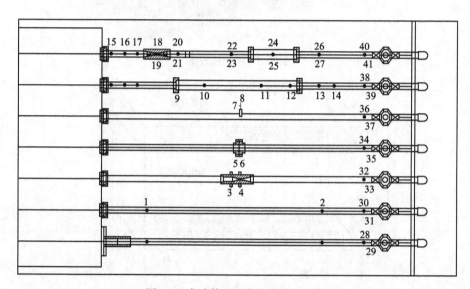

图 0-6　实验管及压力安装点平面图

0.1.3　实验试管的详细介绍

（1）雷诺实验管（见图 0-7）。

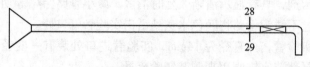

图 0-7　雷诺实验管

雷诺实验管采用有机玻璃材质实验管，内直径为 14mm，实验管进口处装有一变径管，有利于稳定颜色水直线的形成，尾部装有铜阀用来调节实验流量。

（2）沿程阻力实验管（见图0-8）。

图0-8　沿程阻力实验管

沿程阻力实验管上安装有间距800mm的两个测压孔，通过硅胶软管与测压计连接，实验管内直径为14mm，尾部安装有铜阀用来调节实验流量。

（3）毕托管实验管（见图0-9）。

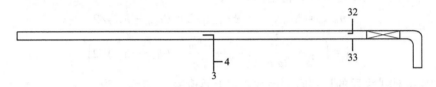

图0-9　毕托管实验管

毕托管实验管，采用有机玻璃制作，内直径为14mm。毕托管总静压测口使用硅胶软管与测压计连接。

（4）孔板流量计实验管（见图0-10）。

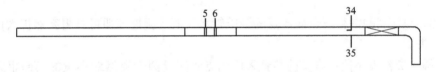

图0-10　孔板流量计实验管

孔板流量计实验管，管径为14mm，孔径为7mm。孔板流量计两个测压口使用硅胶软管与测压计连接。

（5）文丘里流量计实验管（见图0-11）。

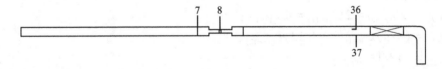

图0-11　文丘里流量计实验管

文丘里流量计实验管采用有机玻璃制作，管径为14mm，喉部内直径为8mm，文丘里的两个测压点使用硅胶软管与测压计连接。

（6）局部阻力实验管（见图0-12）。

局部阻力实验装置采用有机玻璃实验管制作，采用内直径25mm和内直径14mm的有机玻璃管制作。

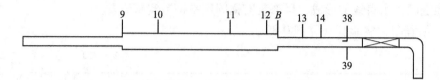

图 0-12　局部阻力实验管

局部阻力实验管如图 0-12（记 12-13 中突缩点为 B）所示。

1）圆管突然扩大段：局部阻力实验管采用三点法测量。三点法是在突然扩大管段上布设三个测点，如图 0-12 中所示的测点 9、10 和 11 所示。流段 9 至 10 为突然扩大局部水头损失发生段，流段 10 至 11 为均匀流流段。本实验中测点 9、10 间距为测点 10、11 间距的一半，按照流程长度比例换算得出：

$$h_{f9-10} = h_{f10-11}/2 = \Delta h_{10-11}/2 = (h_{10} - h_{11})/2$$

$$h_j = \left(h_9 + \frac{\alpha v_9^2}{2g}\right) - \left(h_{10} + \frac{\alpha v_{10}^2}{2g} + (h_{10} - h_{11})/2\right)$$

若圆管突然扩大段的局部阻力因数 ξ 用上游流速 v_9 表示，为：

$$\xi = h_j \bigg/ \left(\frac{\alpha v_9^2}{2g}\right)$$

对应上游流速 v_9 圆管突然扩大段理论公式为：

$$\xi = \left(1 - \frac{A_9}{A_{10}}\right)^2$$

因此，只需实验测得三个测压点的测压管水头值及流量等即可算得突然扩大段局部阻力水头损失。

2）圆管突然缩小段：本实验装置采用四点法测量圆管突然缩小段的局部阻力水头损失。四点法是在突然缩小管段上布设四个测点，如图 0-12 中所示的 11、12、13 和 14。图中 B 点为突缩断面处。流段 12 至 13 为突然缩小局部水头损失发生段，流段 11 至 12、13 至 14 都为均匀流流段。流段 12 至 B 间的沿程水头损失按流程长度比例由测点 11 至 12 测得，流段 B 至 13 的沿程水头损失按流程长度比例由测点 13、14 测得。

本实验管道中：

$L_{(10-11)} = 2L_{(9-10)} = 2L_{(11-12)} = 4L_{(13-14)}$；

$L_{(12-B)} = (4/9)L_{(B-13)} = (4/13)L_{(11-12)}$；

$L_{(B-13)} = (18/13)L_{(13-14)}$。

$$h_{f12-13} = \frac{h_{f11-12}}{13/4} + \frac{h_{f13-14}}{13/18} = \frac{\Delta h_{11-12}}{13/4} + \frac{\Delta h_{13-14}}{13/18}$$

$$h_j = \left(h_{12} + \frac{\alpha v_{12}^2}{2g}\right) - \left(h_{13} + \frac{\alpha v_{13}^2}{2g} + h_{f12-13}\right)$$

若圆管突然缩小段的局部阻力因数 ξ 用下游流速 v_{13} 表示，为：

$$\xi = h_j \bigg/ \left(\frac{\alpha v_{13}^2}{2g}\right)$$

对应于下游流速 v_{13} 的圆管突然缩小段经验公式为：

$$\xi = 0.5\left(1 - \frac{A_{13}}{A_{12}}\right)^2$$

因此，只要实验测得四个测压点的测压管水头值 h_{11}、h_{12}、h_{13} 和 h_{14} 及流量等即可得到突然缩小段局部阻力水头损失。

局部阻力实验管上一共安装有 6 个测压点，用以测量流体在各个测点的压力值（位置水头和压力水头值），9 至 14 与测压板上的对应 9 至 14 测压管相对应。其中：

$L_{(9-10)} = 130\text{mm}$，$L_{(10-11)} = 260\text{mm}$，$L_{(11-12)} = 130\text{mm}$，

$L_{(12-B)} = 40\text{mm}$，$L_{(B-13)} = 90\text{mm}$，$L_{(13-14)} = 65\text{mm}$。

（7）伯努利方程实验管（见图 0-13）。伯努利方程实验管采用有机玻璃制作，实验管内直径为 14mm，扩大段实验管为 25mm，文丘里段喉部内直径为 8mm。

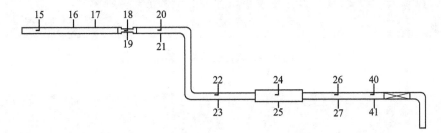

图 0-13　伯努利实验管

测压点分为总压点和静压点，总压点为一内径 3mm 的不锈钢管弯成 90°伸入实验管中，测口居于管道轴线上且迎着水流。本实验管上的测压点中 15、19、21、23、25 和 27 为总压点。测压点 16、17、18、20、22、24 和 26 为静压测点。

$$h_{16、17、18、20、22、24和26} + 速度水头_{16、17、18、20、22、24和26} = 相应点的总压水头$$

0.2　实验的准备步骤及实验报告要求

0.2.1　实验前操作步骤

（1）打开总电源，并将水泵插座插在实验台插孔上，将雷诺实验管的指示液容器内加入颜色水，将电脑连接到实验设备上并打开组态软件，输入密码进入软件操作界面，软件初始菜单界面如图 0-14 所示，雷诺实验的界面如图 0-15 所示。

（2）此时，逐个点击实验项目，在进入每一个实验项目界面后，点击压力校正，校正为"零"，并点击流量校正，同样校正为"零"，因此时实验管内无水流，所以压力和流量均为零。

（3）观察各测压点有无堵塞、漏水等问题，并排掉气泡。排气泡可采用管路上铜阀排气，洗耳球吸气以及不断地开关实验管流量调节阀门来排掉气泡等方法，堵塞可采用针头疏通堵塞处。

（4）将储水箱加水至 2/3 处，开启水泵以及水泵上水管和上水阀，可以观察到自循环供水器内水位高过溢流板后，水箱水位不变，即实现恒压供水，打开各个实验管上的流量

图 0-14　软件初始菜单界面

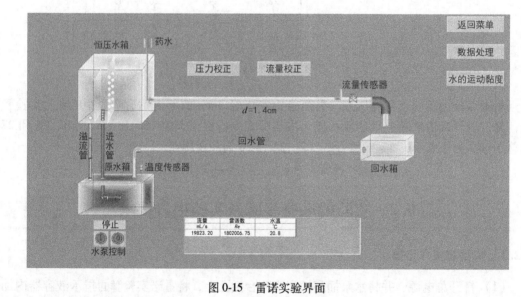

图 0-15　雷诺实验界面

调节阀门，通过水流将管路内的空气带走，还可以通过开关管路上的铜阀排尽气体，或者通过洗耳球将气泡吸出。

（5）排净管内空气后，将所有实验管的流量调节阀都关闭并观察测各个压力点数值是否相同，如果各个测压点数值不同则可能是管路内局部堵塞，有气泡或者漏水等问题，需再次排查并解决，调节完成时，在所有实验管上的流量调节阀均关闭的情况下，各个测压点的数值应相同。

（6）打开雷诺实验管流量调节阀，并打开颜色水管路阀门，检查颜色水可否稳定顺畅地放至实验管内，如颜色水不流动，则可通过针头将颜色水管路疏通或者使用扳手将颜色水管路阀门处螺丝松动等方法解决。

（7）进行实验时，根据所需做的实验，在软件界面上，点击相应的实验项目名称进入相应的实验界面，开启相应实验管上的流量调节阀门来开始实验，每改变一次流量，需等待测压点水头数值稳定后，记录流量和各个测压点的水头数值，流量通过实验管尾部的总静压压差由软件计算得到或者由体积法测得。

（8）本实验装置采用总静压法配合压力传感器，PLC 和组态软件来测量并计算实验管中的体积流量，并根据实验管管径（连续性方程）来计算管内水流流速。

（9）实验结束后，关闭水泵，切断电源，打开阀门排掉恒压供水箱内和实验管道内的水，长期不做实验时，需排掉储水箱内的水。

（10）数据处理时，需统一单位，使用经验公式计算运动黏度时，需考虑到做实验时水流的温度可能会变化。

0.2.2 实验报告的要求

实验报告一般应包括以下内容：

（1）班级、姓名、同组人及实验日期；

（2）实验名称；

（3）实验目的；

（4）实验装置及仪器；

（5）实验原理；

（6）流动现象的描述、图片及实验原始记录；

（7）计算实验结果；

（8）实验结果的表示：在实验中除根据实测数据整理并计算实验结果外，有时还要采用曲线图来表示实验的结果。曲线均应在方格纸（或坐标纸）上，图中应标明坐标所代表的物理量及坐标分度，实验点应当用形如"。""×""·""△"等标记表示。当描绘曲线时，不要用直线逐点连接成折线，简单的方法是根据多数点所在的位置，内插描绘成光滑的曲线。如图 0-16 和图 0-17 所示虚线为不正确的描法，实线为正确的描法。

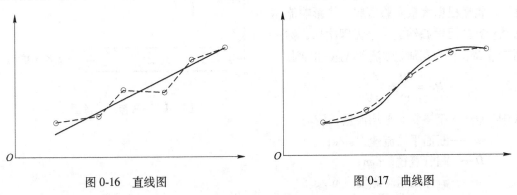

图 0-16　直线图   图 0-17　曲线图

（9）在实验报告最后部分应对实验结果进行分析与评价，并回答有关思考题。

实验报告必须要求每人独立完成一份，并按规定时间交给指导教师。报告要求文字通顺、字迹清楚、计算无误，表格曲线须用相应的器具绘制，线条要清楚、整洁。

实验1　雷诺实验

由于实际流体黏性的存在，一方面使流层间产生摩擦阻力，另一方面使流体的运动具有两种截然不同的运动形态，即层流流态与紊流流态。当流速较小时，流动的质点处于层流流态，流动质点呈现有条不紊的层状运动形式，这种流态称为层流；当流速增大时，流动的质点处于紊流流态，质点的运动形式以杂乱无章、相互混掺及涡体旋转为特征，这种流态称为紊流。

1.1　实验目的

1. 观察圆管内水流的流态，即层流、紊流和流态转换现象。
2. 测定（上、下）临界雷诺数。
3. 掌握圆管流态判别方法。

1.2　实验原理

1. 实际流体的流动会呈现出两种不同的形态：层流和紊流。它们的区别在于：流动过程中流体层之间是否发生掺混现象，在紊流流动中存在随机变化的脉动量，而在层流流动中则没有，如图1-1所示。

2. 圆管中恒定流动的流态转化取决于雷诺数。雷诺根据大量实验资料，将影响流体流动状态的因素归纳成一个无因次数，称为雷诺数 Re，作为判别流体流动状态的准则。

$$Re = \frac{vD}{\upsilon} = \frac{4Q}{\pi D \upsilon}$$

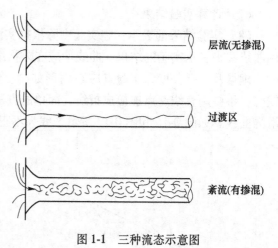

图1-1　三种流态示意图

式中　Q——流体断面平均流量，L/s；

　　　v——断面平均流速，m/s；

　　　D——圆管直径，mm；

　　　υ——流体的运动黏度，m^2/s。

在本实验中，流体是水。水的运动黏度（υ）与温度（T）的关系可用经验公式计算：

$$\upsilon = 0.01775 \times 10^{-4}/(1 + 0.0337T + 0.000221T^2)$$

式中　υ——水在 t℃时的运动黏度，m^2/s；

　　　T——水的温度，℃。

3. 判别流体流动状态的关键因素是临界速度。临界速度随流体的黏度、密度以及流道的尺寸不同而改变。流体从层流到紊流过渡时的速度称为上临界流速，从紊流到层流过渡时的速度为下临界流速。

4. 圆管中流体的流态发生转化时对应的雷诺数称为临界雷诺数，对应于上、下临界速度的雷诺数，称为上临界雷诺数和下临界雷诺数。上临界雷诺数表示超过此雷诺数的流动必为紊流，它很不确定，跨越一个较大的取值范围，而且极不稳定，只要稍有干扰，流态即发生变化。上临界雷诺数常随实验环境、流动的起始状态不同而有所不同。因此，上临界雷诺数在工程技术中没有实用意义。有实际意义的是下临界雷诺数，它表示低于此雷诺数的流动必为层流，有确定的取值。通常均以它作为判别流动状态的准则，即：

$Re < 2320$ 时，层流

$Re > 2320$ 时，紊流

该值是圆形光滑管或近于光滑管的数值，工程实际中一般取 $Re = 2000$。

5. 针对圆管中流体流动的情况，容易理解：减小 D，减小 v，加大 υ 三种途径都是有利于流动稳定的。综合起来看，小雷诺数流动趋于稳定，而大雷诺数流动稳定性差，容易发生紊流现象。

6. 由于两种流态的流场结构和动力特性存在很大的区别，对它们加以判别并分别讨论是十分必要的。圆管中恒定流动的流态为层流时，沿程水头损失与平均流速成正比，而紊流时则与平均流速的 1.75~2.0 次方成正比，如图 1-2 所示。

7. 通过对相同流量下圆管层流和紊流流动的断面流速分布做一比较，可以看出层流流速分布呈旋转抛物面，而紊流流速分布则比较均匀，壁面流速梯度和切应力都比层流时大，如图 1-3 所示。

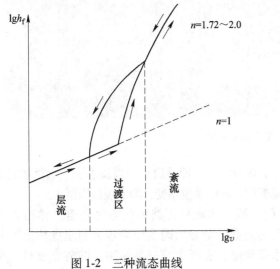

图 1-2 三种流态曲线

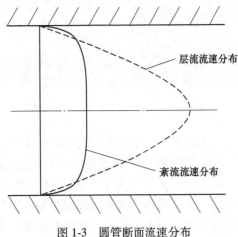

图 1-3 圆管断面流速分布

1.3 实验步骤

本实验采用雷诺实验管，总长 1200mm，内直径 14mm，有机玻璃制作，在靠近流量调节阀处安装有总静压测点用以测量实验管内的流量，起始段有长度为 110mm 的变径段（见图1-4）。

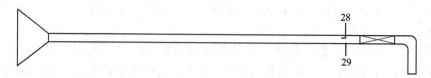

图1-4　雷诺实验管

1.3.1　实验前准备工作

1. 认真阅读绪论，熟悉实验原理和实验装置的结构。

2. 打开总电源，并将水泵插座插在实验台插孔上，将雷诺实验管的指示液容器内加入颜色水，在系统界面选择雷诺实验进入雷诺实验界面，打开水泵开关，由于雷诺管内无水，此时也可再进行一次压力校正和流量校正（见图1-5）。

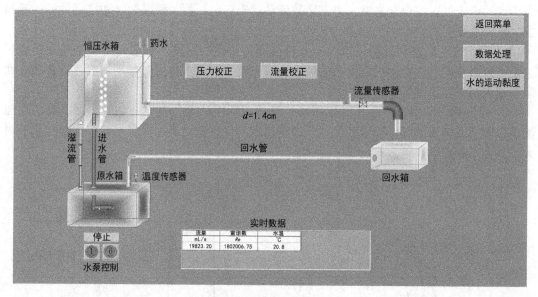

图1-5　雷诺实验界面

3. 点击实验界面上的水泵控制（1为开启，0为停止）即开启水泵以及水泵上水管和上水阀，可以观察到自循环供水器内水位高过溢流板后，水箱水位不变，即实现恒压供水。

4. 排气：打开实验管上的流量调节阀门，通过水流将管路内的空气带走。排净管内空气后，将流量调节阀关闭并观察测各个压力点数值是否相同，如果各个测压点数值不同则可能是管路内局部堵塞，有气泡或者漏水等问题，需再次排查并解决，调节完成时，在实验管上的流量调节阀均关闭的情况下，各个测压点的数值应相同。

1.3.2　观察两种流态

待水箱里的水开始溢流，经稳定后，轻轻打开实验管尾阀，使管道通过小流量，再打开指示剂开关，注入颜色水于实验管内，使颜色水流呈一条直线。通过颜色水质点的运动观察管内水流的层流流态，然后逐步开大出水侧调节阀，颜色水线发生混乱，直至颜色消失，观察层流转变到紊流的水力现象。

　　待管中出现完全紊流后，再逐步关小调节阀，观察由紊流转变为层流水力现象，整个过程要拍摄并记录三种流动的状态。

1.3.3　测定下临界雷诺数

　　1. 将雷诺实验管尾阀打开，使管中流态呈完全紊流，再逐步关小调节阀使流量减小。每调节一次阀门（即关小一次阀门），稳定一段时间后观察其形态。当流量调节到使颜色水在全管刚好呈现出一条稳定直线时，表明水的流态由紊流变为层流，即为下临界雷诺数。

　　2. 待管中出现临界状态时，用体积法（利用量筒和秒表计算单位时间的水体积）测定流量。

　　3. 根据所测流量计算下临界雷诺数，并与公认值（$Re = 2320$）比较（通常在 2000～2300 之间），偏离过大，需重测。

　　4. 重新打开尾阀，使其形成完全紊流。按上述步骤重复测量三次以上。

　　注意：每调节阀门一次，均需等待其稳定几分钟；流量应该微调，调节过程中阀门只可关小，不可开大。

　　5. 同时通过温度计测量水温或者直接在实验界面读出温度，从而求得水的运动黏度。

　　6. 实验完毕后，先关闭指示剂开关，然后关闭水泵，拔掉电源并收拾实验台处理实验数据，可在软件界面上进行数据处理，实验结束后，点击返回菜单回到系统界面。

1.3.4　测定上临界雷诺数

　　1. 先调整尾阀，使管中水流呈层流状态，再逐步开大尾阀，每调整一次流量，稳定一段时间后观察其形态，当颜色水线刚开始散开时，说明流态由层流过渡到紊流，即为上临界状态。

　　2. 重复测定计算上临界雷诺数 1～2 次。根据实验测定，上临界雷诺数实测值在3000～5000 范围之内，与操作的快慢、水箱的紊动度及外界的干扰等密切相关。有学者做了大量实验，有的得 12000，有的得 20000，有的甚至得 40000。在实际水流中，干扰总是存在的，故上临界雷诺数为不定值，无实际意义。

　　3. 实验完毕后，先关闭指示剂开关，然后关闭水泵，拔掉电源并收拾实验台处理实验数据，可在软件界面上进行数据处理，实验结束后，点击返回菜单回到系统界面。

1.4　实验注意事项

　　1. 在实验的整个过程中，要求稳压水箱始终保持少量溢流。

　　2. 实验过程中不要使实验桌产生晃动，不要震动水管，以防水流受到影响。

　　3. 当实验进行到过渡区和层流时，要特别注意阀门的调节幅度一定要小，以减小流量及压差的变化间隔。

　　4. 调整流量时，一定要慢，且要单方向调整（即从大到小或从小到大），不能忽大忽小。

5. 判断临界流速时，一定要准确，即要准确找到流态转变的状态。

6. 测定下临界雷诺数时务必先增大流量，确保流态处于紊流状态。之后，逐渐减小阀门开度，当有色线摆动时应停止调节阀门开度，等待 1min 后观察有色线形态，然后继续微调，再等待 1min，直到有色线刚好为直线时才是紊流变到层流的下临界状态。注意等待时间要足够，微调幅度要小，否则测不到临界值。

7. 做完实验后，将量筒、温度计放回原处。

8. 实验时一定要注意用电安全，节约用水。

1.5　实验报告内容

1.5.1　实验前的预习内容（到实验室前完成）

1. 实验目的

2. 实验仪器及其基本数据

3. 实验原理

1.5.2　实验数据及整理

1. 记录、计算有关常数。

实验管径 $D=$ _____ 10^{-2}m，水温 $T=$ _____ ℃。

运动黏度 $v = 0.01775 \times 10^{-4}/(1 + 0.0337T + 0.000221T^2) =$ _____ m^2/s。

2. 数据整理、记录计算（见表1-1）。

由流量 Q 和管径 D，可知断面平均速度 $v = \dfrac{4Q}{\pi D^2}$。

表 1-1　实验数据整理　　　　　实验台编号：_____

实验次序	颜色水线形态	水体积 $\Delta V/\mathrm{cm}^3$	时间 t/s	流量 Q $/\mathrm{cm}^3 \cdot \mathrm{s}^{-1}$	流速 v $/\mathrm{cm} \cdot \mathrm{s}^{-1}$	雷诺数 Re	阀门开度增或减
1							
2							
3							
4							
5							
6							
7							

注：颜色水线形态包括稳定直线、稳定略弯曲、直线摆动、直线抖动、断续、完全散开等。

实测下临界雷诺数（平均值）$Re_\mathrm{c} =$ _____。

1.5.3　实验分析与思考

1. 为什么调整流量时，一定要慢，且要单方向调整？

2. 要提高实验精度，应该注意哪些问题。

3. 为什么认为上临界雷诺数无实际意义，而采用下临界雷诺数作为层流与紊流的判据？实测下临界雷诺数为多少？

4. 仔细观察实验转换过程，分析由层流过渡到紊流的机理。

5. 分析层流和紊流在运动学特性和动力学特性方面各有何差异（配合拍摄图片加以说明）。

实验 2　沿程阻力系数测定实验

不可压缩流体在流动过程中，因相对运动切应力的做功及流体与固壁之间摩擦力的做功，都是靠损失流体自身所具有的机械能来补偿的，这部分能量不可逆转地转化成热能。这种引起流动能量损失的阻力与流体的黏滞性和惯性以及与固壁对流体的阻滞作用和扰动作用有关。因此，为了得到能量损失的规律，必须同时分析各种阻力的特性。

2.1　实验目的

1. 了解圆管层流和紊流的沿程损失随平均流速变化的规律。
2. 绘制 $\lg v\text{-}\lg h_f$ 和 $Re\text{-}\lambda$ 关系曲线，确定 $h_f = Kv^n$ 中的 n 值。
3. 测定有压管流沿程水头损失及沿程阻力系数 λ 值。
4. 将测得的 $Re\text{-}\lambda$ 关系值与穆迪图进行对比，分析实验结果的合理性。

2.2　实验原理

2.2.1　实验分析

1. 对于通过直径不变的圆管的恒定水流，沿程水头损失由达西公式表达为

$$h_f = \left(z_1 + \frac{p_1}{\rho g}\right) - \left(z_2 + \frac{p_2}{\rho g}\right) = \Delta h \tag{2-1}$$

其值为上、下游量测断面的压差计读数。沿程水头损失也常表达为

$$h_f = \lambda \frac{L}{d} \frac{v^2}{2g} \tag{2-2}$$

由式（2-1）和式（2-2）可得

$$\lambda = \frac{\Delta h}{\dfrac{Lv^2}{d2g}} = \frac{2gd\Delta h}{L} \frac{1}{v^2} = \frac{2gd\Delta h}{L}\left(\frac{\pi}{4}d^2/Q^2\right)^2 = K\frac{\Delta h}{Q^2} \tag{2-3}$$

$$K = \pi^2 g d^5/8L$$

式中　λ——沿程水头损失系数；

$\quad\quad L$——实验管路两个测点之间的管段长度；

$\quad\quad d$——管道直径；

$\quad\quad v$——断面平均流速。

若在实验中测得相邻水柱高度的差值 Δh 和断面平均流速 v（用体积法测定管道通过

的流量 Q，由于管径已知，所以求得平均流速 $v = \dfrac{4Q}{\pi D^2}$），则可直接得到沿程水头损失系数。达西公式适用于层流与紊流两种流态，式（2-3）既适用于圆管均匀流动，又适用于其他过流断面均匀流，因此达西公式是均匀流沿程损失的通用式。

2. 流动形态的沿程水头损失与断面平均流速的关系是不同的。层流流动中的沿程水头损失与断面平均流速的 1 次方成正比。紊流流动中的沿程水头损失与断面平均流速的 1.75~2.0 次方成正比。

3. 沿程水头损失系数 λ 是相对粗糙度 $\dfrac{\Delta}{d}$ 与雷诺数 Re 的函数，可以表示为

$$\lambda = f\left(Re, \ \frac{\Delta}{d}\right)$$

$$Re = \frac{vd}{v}$$

式中　v——水的运动黏度；

　　　Δ——管壁的粗糙度；

　Δ/d——管壁的相对粗糙度。

对于圆管层流流动，有

$$\lambda = \frac{64}{Re}$$

对于水力光滑管紊流流动，有

$$\lambda = \frac{0.3164}{Re^{\frac{1}{4}}}(Re < 10^5)$$

可见在层流和紊流光滑管区，沿程水头损失系数 λ 只取决于雷诺数。

对于水力粗糙管紊流流动，有

$$\lambda = \frac{1}{\left[2\lg\left(\dfrac{d}{2\Delta}\right) + 1.74\right]^2}$$

沿程水头损失系数 λ 完全由粗糙度决定，与雷诺数无关，此时沿程水头损失与断面平均流速的平方成正比，所以紊流粗糙管区通常也称为阻力平方区。

对于在紊流光滑区和紊流粗糙区之间存在过渡区，沿程水头损失系数 λ 与雷诺数和粗糙度都有关。

2.2.2　实验参数说明

1. 流量测量-计量体积法。计量体积法是在一段固定的时间内，计量流过管道的体积，从而得出单位时间内流过水的流量，这是依据流量定义的测量方法，此方法简单、准确，不受被测液体温度、黏度的影响。本实验及以后的实验项目水的流量测量方法，皆用量杯测量体积、用秒表计时来完成。

2. 流速的计算。根据体积法测得流量值除以实验管路的面积可以得出，即

$$v = \frac{Q}{A} = \frac{4Q}{\pi d^2}$$

2.3 实验步骤

本实验采用沿程阻力实验管，总长1200mm，内直径14mm，有机玻璃制作，实验管上安装有两处测压点，间距800mm，在靠近流量调节阀处安装有总静压测点用以测量实验管内的流量（见图2-1）。

图2-1　沿程阻力实验管

2.3.1 实验前准备工作

1. 认真阅读实验指导书，熟悉实验原理和实验装置的结构。

2. 接通电源，并将水泵插座插在实验台插孔上，在系统界面选择沿程阻力实验进入沿程阻力实验界面，打开水泵开关，此时也可再进行一次压力校正和流量校正。

3. 点击实验界面上的水泵控制（1为开启，0为停止）即开启水泵以及水泵上水管和上水阀，可以观察到自循环供水器内水位高过溢流板后，水箱水位不变，即实现恒压供水（见图2-2）。

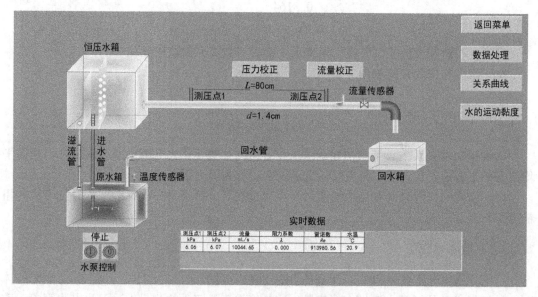

图2-2　沿程阻力系数测定实验界面

4. 排气：打开实验管上的流量调节阀门，通过水流将管路内的空气带走。排净管内空气后，将流量调节阀关闭并观察测各个压力点数值是否相同，如果各个测压点数值不同则可能是管路内局部堵塞，有气泡或者漏水等问题，需再次排查并解决，调节完成时，在实验管上的流量调节阀均关闭的情况下，各个测压点的数值应相同。

5. 控制溢流量：调节水泵上水阀的开度使得溢流量较小，水面较稳定（若已完成可忽略此步）。

2.3.2　测定沿程水头损失及阻力系数 λ

1. 排气完成后，打开尾阀，这时实验管道通过的流量比较小，测压管的液位差较小。待水流稳定后，开始测量流量（用体积法测即利用量筒和秒表测单位时间流过的水的体积）和压差，并记录测压管水头数值。

2. 增大尾阀的开度，增大实验流量。每次调节流量时，均需稳定 2~3min，流量越小，稳定时间越长。水流稳定后，再开始测量水温（从实验界面读出即可）、流量和压差，并记录。

3. 重复实验 9 次，直到流量为最大值（测流量的时间不少于 20s，或者测量的流量不低于 3~4L，测流量的同时，需测量被试管路上对应压差计的读数）。

4. 做实验时，要注意温度的变化，在计算雷诺数使用经验公式来估算运动黏度时，温度若变化，要体现在运动黏度中。可在软件界面上进行数据处理，实验结束后，点击返回菜单回到系统界面。

5. 检查数据无误后，关闭电源，收拾实验桌，结束实验并处理实验数据。

2.4　实验注意事项

1. 恒压水箱内水位要求始终保持在溢流状态，确保水头恒定。
2. 测记各测压管水头值时，要求视线与测压管液面相平。
3. 本实验尾阀由小到大或者由大到小，一定要测得流量最大的值。
4. 实验操作时，动作一定要轻，不要用力过猛，以免损坏仪器。
5. 压差下降要均匀，便于绘制曲线，提高实验精度。
6. 水位波动时，读取时取均值。
7. 整理资料时，一定要注意单位的统一。
8. 做完实验后，将量筒、温度计放回原处。
9. 实验时一定要注意用电安全以及节约水资源。

2.5　实验报告内容

2.5.1　实验前的预习内容（到实验室前完成）

1. 实验目的

2. 实验仪器及其基本数据

3. 实验原理

2.5.2 实验数据记录及整理

1. 记录实验装置上有关常数。

实验管径 $d =$ _____ 10^{-2}m，测压点间距 $L =$ _____ 10^{-2}m。

水温 $T =$ _____ ℃，常数 $K = \pi^2 g d^5 / 8L =$ _____ m^5/s^5。

运动黏度 $v = 0.01775 \times 10^{-4}/(1 + 0.0337T + 0.000221T^2) =$ _____ m^2/s。

2. 数据整理及记录计算（见表 2-1）。

由流量 Q 和管径 D，可知断面平均速度 $v = \dfrac{4Q}{\pi D^2}$。

表 2-1 实验数据记录及计算表（常数：$K = \pi^2 g d^5 / 8L$） 实验台编号：_____

实验次序	体积 V/cm^3	时间 $/s$	流量 $Q/$ $cm^3 \cdot s^{-1}$	流速 $v/$ $cm \cdot s^{-1}$	水温 $T/℃$	黏度 $v/cm^2 \cdot s^{-1}$	雷诺数 Re	水柱高度/cm		沿程损失 h_f/cm	沿程损失系数 λ	$\lambda = \dfrac{64}{Re}$ $Re < 2320$
								h_1	h_2			
1												
2												
3												
4												
5												
6												
7												
8												
9												
10												

注：实验表中的次数要求从小到大改变实验管路出水侧阀门的开度得到 10 组实验数据。

3. 绘图分析。

（1）绘制 lg$v$-lgh_f 曲线（见表 2-2），并确定指数关系值 n 的大小。在坐标纸上以 lg$v$ 为横坐标，以 lgh_f 为纵坐标，点绘所测的 lg$v$-lgh_f 关系曲线，根据具体情况连成一段或几段直线。求坐标上直线的斜率，有

$$n = \frac{\lg h_{f2} - \lg h_{f1}}{\lg v_2 - \lg v_1}$$

表 2-2　lg$v$ 与 lgh_f 数值记录

测次	1	2	3	4	5	6	7	8	9	10
lg$v$										
lgh_f										

将从图纸上求得 n 值与已知各流区的 n 值（即层流 $n=1$，光滑管流区 $n=1.75$，粗糙管紊流区 $n=2.0$，紊流过渡区 $1.75<n<2.0$）进行比较，确定流态区。

（2）绘制 Re-λ 曲线，并说明该曲线是否属于光滑管区，以及本次实验结果与穆迪图（见图 2-3）是否吻合？试分析原因。

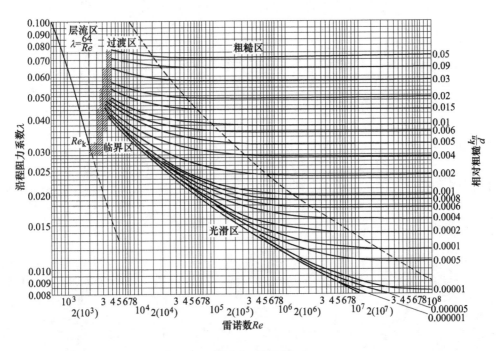

图 2-3　穆迪图

2.5.3　实验分析与思考

1. 为什么压差计的水柱差就是沿程水头损失？如果实验管道安装得不水平，是否影响实验结果？

2. 同一管道中用不同液体进行实验，当流速相同时，其沿程水头损失是否相同？雷诺数相同时，其沿程水头损失是否相同？

3. 同一流体流经两个管径和管长均相同而当量粗糙度不相同的管道时，若流速相同，其沿程水头损失是否相同？

4. 实验中的误差主要由哪些环节产生？

实验 3 毕托管测速实验

毕托管是实验室内测量流体电流速常用的仪器。这种仪器是 1730 年由亨利·毕托（Henri Pitot）首创，后经 200 多年来的技术改进，目前已有几十种形式。

用毕托管量测水流流速时，必须首先将毕托管及橡皮管内的空气完全排出，然后将毕托管的下端放入水流中，并使总压管的进口正对测点处的流速方向。此时压差计玻璃管中的水面即出现高差 Δh。如果所测点的流速较小，Δh 的值也较小。为了提高测量精确度，可将压差计的玻璃管倾斜放置。

3.1 实 验 目 的

1. 了解毕托管的构造。
2. 掌握毕托管测量点流速的原理和方法。

3.2 实 验 原 理

3.2.1 毕托管测速的原理

1. 毕托管具有结构简单、使用方便、测量精度高、稳定性好等优点，应用广泛。毕托管测量范围，水流为 0.2~2m/s，气流为 1~60m/s。

2. 毕托管测速原理如图 3-1 所示，它由一根两端开口的 90° 弯针管，下端垂直指向上游，另一端竖直，并与大气相通。沿流线取相近两点 A、B，点 A 在未受毕托管干扰处，流速为 v，点 B 在毕托管管口驻点处，流速为零。流体质点自点 A 流到点 B，其动能转化为位能，使竖管液面升高，超出静压强为 Δh 水柱高度。列沿流线的伯努利方程，忽略 A、B 两点间的能量损失，有：

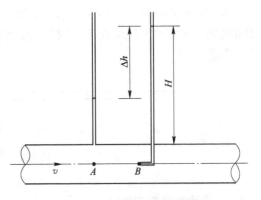

图 3-1 毕托管测速原理图

$$0 + \frac{p_1}{\rho g} + \frac{v^2}{2g} = 0 + \frac{p_2}{\rho g} + 0 \qquad (3\text{-}1)$$

$$\frac{p_1}{\rho g} - \frac{p_2}{\rho g} = \Delta h \qquad (3\text{-}2)$$

由式（3-1）和式（3-2）可得

$$v = \sqrt{2g\Delta h}$$

考虑到水头损失及毕托管在生产中的加工误差，由上式得到的流速须加以修正。毕托管测速公式为：

$$v = c\sqrt{2g\Delta h} = k\sqrt{\Delta h}$$
$$k = c\sqrt{2g}$$

式中　v——毕托管测点处的点流速；

　　　c——毕托管的修正因数，简称毕托管因数；

　　　Δh——毕托管全压水头与静压水头之差。

3.2.2　毕托管测速的特点

1. 优点

（1）能测得流体总压和静压之差的复合测压管。

（2）结构简单，使用、制造方便，价格便宜，只要精心制造并严格标定和适当修改，在一定的速度范围内，它可以达到较高的测速精确度。

2. 缺点

（1）用毕托管测流速时，仪器本身对流场会产生扰动，这是使用这种方法测流速的一个缺点。

（2）实验时必须首先将毕托管及橡皮管内的空气完全排出，然后将毕托管的下端放入水流中，并使总压管的进口正对测点处的流速方向。但实际应用时，气泡不易排除干净，下端一旦脱离水面，气泡进入后需要重新排气。另外，正对测点处的流速方向也不易实现。

3.3　实　验　步　骤

本实验采用毕托管实验管，总长1200mm，内直径14mm，有机玻璃制作，在靠近流量调节阀处安装有总静压测点用以测量实验管内的流量，毕托管总静压测点处各安装一测压点（见图3-2）。

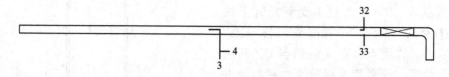

图3-2　毕托管实验管

3.3.1　实验前准备工作

1. 认真阅读实验指导书，熟悉实验装置各部分的名称，作用性能和毕托管的构造特征，以及实验原理。并测记各有关的常数和实验参数，填入实验表格。

2. 接通电源，并将水泵插座插在实验台插孔上，在系统界面选择毕托管实验进入毕托管实验界面，打开水泵开关，此时也可再进行一次压力校零和流量校零。

3. 点击实验界面上的水泵控制（1为开启，0为停止）即开启水泵以及水泵上水管和上水阀，可以观察到自循环供水器内水位高过溢流板后，水箱水位不变，即实现恒压供水（见图3-3）。

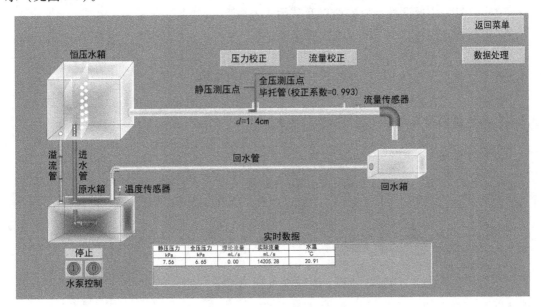

图 3-3 毕托管流量实验界面

4. 排气：打开尾阀，将流量调节阀开度调至最大，及时排除毕托管及连通管中的气体，方可进行实验。实验时要保证毕托管头部位于管子轴线处并迎着水流。将实验管的流量调节阀关闭，观察各个测验点数值是否相等，若不相等则需再次排气，若相等，则可开始实验。

5. 控制溢流量：操作调节阀并调节上水阀，使溢流量适中，水面较稳定（若已完成可忽略此步）。

3.3.2 毕托管测流速

1. 打开尾阀，待毕托管测压管液面稳定后，可开始记录实验数据，组态软件上实时显示实验数据或者利用体积法（用量筒和秒表测单位时间内流过的水的体积）测流量。

2. 在组态软件上观察实时数据并进行数据处理（若手动实验则不进行此步）。

3. 增大尾阀的开度增大实验流量，压差的增大量控制在 4cm 左右（即压差比上次增加 2cm，不强制要求但尽量满足）。水流稳定后，再开始测量水温（实验界面读出）、流量和压差（测压装置读出），并记录。一般做到 6 个工况。

4. 重复实验，每次压差上升要均匀，直到流量为最大值。检查数据无误后，关闭电源，收拾实验桌，结束实验并处理实验数据，点击返回菜单回到系统界面。

3.4 实验注意事项

1. 实验操作时，动作一定要轻，不要用力过猛，以免损坏仪器。

2. 压差上升要均匀，便于绘制曲线，提高实验精度。

3. 水位波动时，读取时取均值。

4. 整理资料时，一定要注意单位的统一。

5. 实验时一定要注意用电安全以及节约水资源。

6. 毕托管宜测量 0.2~2m/s 的水流速度。

3.5 实验报告内容

3.5.1 实验前的预习内容（到实验室前完成）

1. 实验目的

2. 实验仪器及其基本数据

3. 实验原理

3.5.2 实验数据记录及整理

1. 记录实验装置上有关常数。

实验管径 $d=$ _____ 10^{-2}m，水温 $T=$ _____ ℃，$k=c\sqrt{2g}=$ _____ $m^{\frac{1}{2}}/s$（修正因数 c 为 0.977）。

2. 数据整理及记录计算（见表 3-1）。

表 3-1 实验记录与计算　　　　　　　　　实验台编号：_____

实验次序	毕托管测压计/cm			测点流速 $v=k\sqrt{\Delta h}$ /cm·s^{-1}	流量 Q/cm^3·s^{-1}
	h_1	h_2	Δh		
1					
2					
3					
4					
5					
6					

3.5.3 实验分析与思考

1. 利用测压管测量点压强时，为什么要排气，怎么检验排净与否？

2. 毕托管的测速范围为 0.2~2m/s，流速过小或过大都不宜采用，为什么？另外，测速时要求探头对正水流方向（轴向安装偏差不大于 10°），试说明其原因。

3. 为什么在光、声、电技术高度发展的今天，仍然采用毕托管这一传统的仪器测流体的流速？

4. 为减少实验误差需要注意哪些内容？

实验 4　孔板流量计实验

孔板流量计是将标准孔板与多参数差压变送器（或差压变送器、温度交送器及压力变送器）配套组成的高量程比的差压流量装置，可测量气体、蒸汽、液体等的流量，广泛应用于石油、化工、冶金、电力、供热、供水等领域的过程控制和测量。节流装置又称为差压式流量计，是由一次检测件（节流件）和二次装置（差压变送器和流量显示仪）组成，广泛应用于气体、蒸汽和液体的流量测量。

4.1　实 验 目 的

1. 测定孔板流量计流量系数 μ。
2. 学会用孔板流量计测量流量。

4.2　实 验 原 理

4.2.1　孔板流量计结构原理

孔板流量计是一种常用的计量工具，广泛应用于工程实际、科研工作和实验室中（见图 4-1）。

流体流过孔板时，孔板前后产生压差，其差值随流量而变，两者之间有确定的关系，因此可通过测量压差来计算流量，有：

$$Q = \mu A \sqrt{\Delta h}$$

式中　μ——流量系数，不同孔板流量计 μ 值不同；

Δh——压差计读数，10^{-2} m；

A——孔口截面积，m^2。

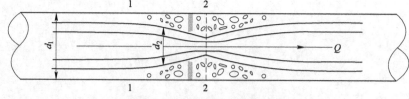

图 4-1　孔板流量计原理示意图

4.2.2　孔板流量计的特点

1. 优点

（1）标准节流件是通用的，并得到了国际标准组织的认可，无须实流校准，即可投用，在流量传感器中也是唯一的。

（2）结构简单，牢固，性能稳定可靠，价格低廉。

（3）应用范围广，包括全部单相流体（液、气、蒸汽）、部分混相流，一般生产过程的管径、工作状态（温度、压力）皆可以测量。

（4）检测件和差压显示仪表可分别由不同厂家生产，便于专业化规模生产。

2. 缺点

（1）测量的重复性、精确度在流量传感器中属于中等水平，由于众多因素的影响错综复杂，精确度难以提高。

（2）范围度窄，由于流量系数与雷诺数有关，一般范围度仅（3∶1）~（4∶1）。

（3）有较长的直管段长度要求，一般难以满足。尤其对于较大的管径，问题更加突出。

（4）压力损失大。

（5）孔板以内孔锐角线来保证精度，因此传感器对腐蚀、磨损、结垢、脏污敏感，长期使用精度难以保证，需每年拆下强检一次。

（6）采用法兰连接，易产生跑、冒、滴、漏问题，大大增加了维护工作量。

4.3　实　验　步　骤

本实验采用孔板实验管，总长 1200mm，内直径 14mm，孔径 7mm，有机玻璃制作，在靠近流量调节阀处安装有总静压测点用以测量实验管内的流量，孔板总静压测点处各安装一测压点（见图4-2）。

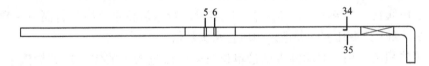

图4-2　孔板实验管

4.3.1　实验前准备工作

1. 认真阅读实验指导书，熟悉实验装置各部分的名称，作用性能和孔板的构造特征，以及实验原理。并测记各有关的常数和实验参数，填入实验表格。

2. 接通电源，并将水泵插座插在实验台插孔上，在系统界面选择孔板实验进入孔板实验界面，打开水泵开关，此时也可再进行一次压力校正和流量校正。

3. 点击实验界面上的水泵控制（1为开启，0为停止）即开启水泵以及水泵上水管和上水阀，可以观察到自循环供水器内水位高过溢流板后，水箱水位不变，即实现恒压供水（见图4-3）。

4. 排气：打开实验管上的流量调节阀门，通过水流将管路内的空气带走。排净管内空气后，将流量调节阀关闭并观察各个压力点数值是否相同，如果各个测压点数值不同则可能是管路内局部堵塞，有气泡或者漏水等问题，需再次排查并解决，调节完成时，在实验管上的流量调节阀均关闭的情况下，各个测压点的数值应相同。

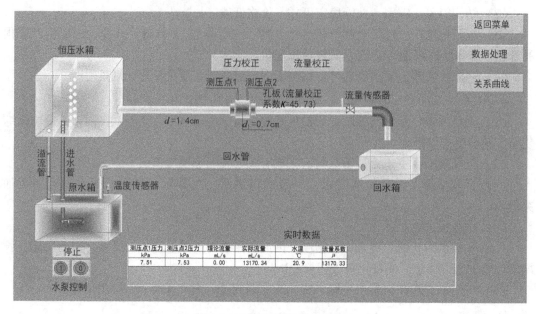

图 4-3　孔板流量计实验界面

4.3.2　测孔板流量系数 μ 值

1. 把孔板流量计前后稳压室中的空气排尽。

2. 操作调节阀并调节上水阀，使溢流量适中（若已完成可忽略）。

3. 调节尾阀在一个较小值，作为第一次实验。待水流稳定后再进行测量和数据记录，在组态软件界面上读取压差，并记录测压管水头数值。

4. 利用体积法（用量筒和秒表测量单位时间内流过的水的体积）测量流量，注意测流量的时间不少于 20s 或者计量水的体积不少于 3~4L。

5. 以后逐渐调大流量，增大压差，水流稳定后，再开始测量水温（在实验界面读出即可）、流量和压差，并记录。重复实验，直到流量为最大值，一般做到 6 个工况，可在组态软件界面上观察实时数据，按顺序记录数据。

6. 检查数据记录表是否缺漏，是否有某组数据明显不合理，若有此情况，应进行补测。

7. 检查数据无误后，关闭电源，收拾实验桌，结束实验并处理实验数据，点击返回菜单回到系统界面。

4.4　实验注意事项

1. 调节进水阀门和出水阀门时要配合好，出水阀门一般情况下应全开，只有当右侧压管中水位低到看不见，才稍关小，使水位上升至适当位置。

2. 实验操作时，动作一定要轻，不要用力过猛，以免损坏仪器。

3. 压差下降要均匀，便于绘制曲线，提高实验精度。

4. 整理资料时，一定要注意单位的统一。

5. 实验时一定要注意用电安全以及节约水资源。

4.5　实验报告内容

4.5.1　实验前的预习内容（到实验室前完成）

1. 实验目的

2. 实验仪器及其基本数据

3. 实验原理

4.5.2　实验数据记录及整理

1. 记录实验装置上有关常数。

实验管径 $d_1 = $ _____ 10^{-2}m，孔径 $d_2 = $ _____ 10^{-2}m，水温 $T = $ _____ ℃。

运动黏度 $v = 0.01775 \times 10^{-4}/(1 + 0.0337T + 0.000221T^2) = $ _____ m^2/s。

2. 数据整理及记录计算（见表4-1）。

表 4-1　实验数据记录及计算　　　　　　　　　　实验台编号：_____

实验次序	h_1/cm	h_2/cm	压差 Δh/cm	孔口截面 A/m²	流量 Q/cm³·s⁻¹	$\mu = \dfrac{Q}{A\sqrt{\Delta h}}$
1						
2						
3						
4						
5						
6						

注：流量系数最后要取平均值。

　　流量系数 μ = _____。

4.5.3　实验分析与思考

1. 绘制 Q-Δh 关系曲线。
2. 分析在实验中保持水流稳定的重要性。
3. 孔板流量计有什么安装要求和使用条件？
4. 在实验中影响孔板流量计流量大小的因素有哪些？哪个因素影响最敏感？
5. 结合实验现象分析孔板流量计的工作原理。

实验 5 文丘里流量计实验

文丘里流量计是一种常用的管道流量的测量仪，是差压式流量测量仪表，其基本测量原理是以能量守恒定律——伯努利方程和流动连续性方程为基础的流量测量方法。文丘里管由一圆形测量管和置入测量管内并与测量管同轴的特型芯体构成。特型芯体的径向外表面具有与经典文丘里管内表面相似的几何廓形，并与测量管内表面之间构成一个异径环形过流缝隙。流体流经文丘里管的节流过程同流体流经经典文丘里管、环形孔板的节流过程基本相似。文丘里管的这种结构特点，使之在使用过程中不存在类似孔板节流件的锐缘磨蚀与积污问题，并能对节流前管内流体速度分布梯度及可能存在的各种非轴对称速度分布进行有效的流动调整，从而实现高精确度与高稳定性的流量测量。

5.1 实 验 目 的

1. 测定文丘里管流量系数 μ 值，掌握文丘里流量计的原理及用途。
2. 绘制文丘里管的流量 Q 与压差计压差 Δh 之间的关系曲线。
3. 掌握压差计的使用方法和体积法测流量的实验技能。
4. 掌握能量方程和连续性方程的使用原则。

5.2 实 验 原 理

5.2.1 文丘里流量计

文丘里流量计用于测量管道中相对稳定流体的流量，常用于测量空气、天然气、煤气、水等流体的流量，如图 5-1 所示，属于压差式流量计，由收缩段、喉管和扩散段三部分安装在需要测定流量的管路上。在收缩段进口断面 1—1 和喉管断面 2—2 上设测压孔，并接上压差计，通过测量两个断面的测管水头差 Δh，就可计算管道的理论流量 Q_T，再经修正得到实际流量 Q。

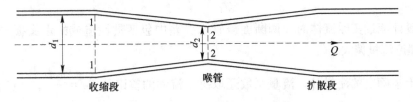

收缩段　　　　　喉管　　　　　扩散段

图 5-1　文丘里流量计原理示意图

5.2.2　理论流量

不考虑水头损失，速度水头的增加等于测压管水头的减小（即测压管液面高差 Δh）通过测得的 Δh，建立两断面在平均流速 v_1 和 v_2 之间的关系：

$$\Delta h = h_1 - h_2 = \left(z_1 + \frac{p_1}{\rho g}\right) - \left(z_2 + \frac{p_2}{\rho g}\right) = \frac{\alpha_2 v_2^2}{2g} - \frac{\alpha_1 v_1^2}{2g}$$

假设动能修正系数为

$$\alpha_1 = \alpha_2 = 1$$

则

$$\left(z_1 + \frac{p_1}{\rho g}\right) - \left(z_2 + \frac{p_2}{\rho g}\right) = \frac{v_2^2}{2g} - \frac{v_1^2}{2g}$$

另一方面，由恒定总流连续方程有

$$A_1 v_1 = A_2 v_2$$

即

$$\frac{v_1}{v_2} = \left(\frac{d_2}{d_1}\right)^2$$

所以

$$\frac{v_2^2}{2g} - \frac{v_1^2}{2g} = \frac{v_2^2}{2g}\left[1 - \left(\frac{d_2}{d_1}\right)^4\right]$$

于是

$$\Delta h = \frac{v_2^2}{2g}\left[1 - \left(\frac{d_2}{d_1}\right)^4\right]$$

解得

$$v_2 = \frac{1}{\sqrt{1 - \left(\frac{d_2}{d_1}\right)^4}}\sqrt{2g\Delta h}$$

最终得到理论流量为

$$Q_T = A_2 v_2 = \frac{\pi}{4}\frac{d_1^2 d_2^2}{\sqrt{d_1^4 - d_2^4}}\sqrt{2g\Delta h} = C\sqrt{\Delta h}$$

其中

$$C = \frac{\pi}{4}\frac{d_1^2 d_2^2}{\sqrt{d_1^4 - d_2^4}}\sqrt{2g}$$

5.2.3　实际流量

用体积法，即用量筒和秒表测单位时间内水的体积，可测得水的实际流量 $Q = V/t$。

5.2.4　流量系数

$$\mu = \frac{Q}{Q_T}(\mu < 1)$$

1. 流量计流过实际流体时，两断面测管水头差中包括黏性造成的水头损失，这导致计算出的理论流量偏大。

2. 对于某确定的流量计，流量系数还取决于流动的雷诺数 $Re = \dfrac{v_2 d_2}{v}$，但当雷诺数较大（流速较高）时，流量系数基本不变。

5.2.5　文丘里流量计的特点

1. 优点：如果能完全按照美国机械工程师协会（American Society of Mechanical Engineers，ASME）标准精确制造，测量精度也可以达到0.5%，但是国产文丘里流量计由于其制造技术问题，精度很难保证。国内老资格的技术力量雄厚的仪表厂也只能保证4%测量精度，对于超临界的工况，这种喉管处的均压环在高温高压下使用是一个很危险的环节，但不采用均压环，就不符合ISO 5167标准，测量精度就无法保证，这是高压经典式文丘里制造中的一个矛盾。

2. 缺点：喉管和进口/出口一样材质，流体对喉管的冲刷和磨损严重，无法保证长期测量精度。结构长度必须按ISO 5167规定制造，否则就达不到所需的精度。而由于ISO 5167对经典文丘里的严格结构规定，使得它的流量测量范围最大/最小流量比很小，一般为3~5，很难满足变化幅度大的流量测量。

5.3　实　验　步　骤

本实验采用文丘里实验管，总长1200mm，内直径14mm，喉部内直径为8mm，有机玻璃制作，在靠近流量调节阀处安装有总静压测点用以测量实验管内的流量，文丘里总静压测点处各安装一测压点（见图5-2）。

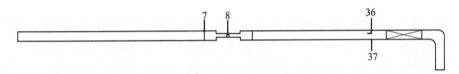

图5-2　文丘里实验管

5.3.1　实验前准备工作

1. 认真阅读实验指导书，熟悉实验装置各部分的名称，作用性能和文丘里的构造特征，以及实验原理。并测记各有关的常数和实验参数，填入实验表格。

2. 接通电源，并将水泵插座插在实验台插孔上，在系统界面选择文丘里实验进入文丘里实验界面，打开水泵开关，此时也可再进行一次压力校正和流量校正。

3. 点击实验界面上的水泵控制（1为开启，0为停止）即开启水泵以及水泵上水管和上水阀，可以观察到自循环供水器内水位高过溢流板后，水箱水位不变，即实现恒压供水（见图5-3）。

4. 排气：打开实验管上的流量调节阀门，通过水流将管路内的空气带走。排净管内空气后，将流量调节阀关闭并观察测各个压力点数值是否相同，如果各个测压点数值不同则可能是管路内局部堵塞，有气泡或者漏水等问题，需再次排查并解决，调节完成时，在实验管上的流量调节阀均关闭的情况下，各个测压点的数值应相同。

5. 控制溢流量：调节水泵上水阀的开度使得溢流量较小，水面较稳定（若已完成可忽略此步）。

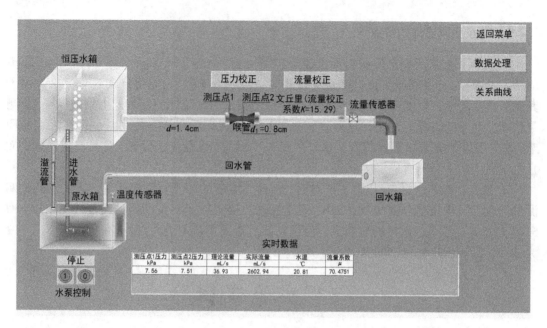

图 5-3 文丘里流量计实验界面

5.3.2 测文丘里管流量系数 μ 值

1. 打开尾阀，使管道通过较大流量，且测压管的水位均能读数。等到水流稳定后，利用体积法测流量，同时可在组态软件界面上测定测压管水位和流量，并记录。

2. 控制尾阀开度，减小流量，使测点水位差减小 4cm 左右（不强制要求），每次压差下降要均匀，等到水流稳定后，继续测定，一般做到 6 个工况。

3. 检查数据记录表是否有缺漏，是否有某组数据明显不合理，若有此情况，应进行补测。

4. 检查数据无误后，关闭电源，收拾实验桌，结束实验并可通过组态软件处理实验数据，点击返回菜单回到系统界面。

5. 整理实验结果，得出流量计在各种流量下的 Δh、Q 和 μ，填入表中。

6. 对实验结果进行分析讨论。

5.4 实验注意事项

1. 在实验中，一定要注意用电安全。

2. 在操作过程中，动作不要过大、过猛，以免损坏仪器。

3. 使用自动量测系统时，一定要按实验指导老师要求进行操作。

4. 水位波动时，读取时取均值。

5. 一定要等到水流稳定后才可读取数据。

6. 整理资料时，一定要注意单位的统一。

7. 做完实验后，将量筒、温度计放回原处。

5.5　实验报告内容

5.5.1　实验前的预习内容（到实验室前完成）

1. 实验目的

2. 实验仪器及其基本数据

3. 实验原理

5.5.2　实验数据记录及整理

1. 记录实验装置上有关常数。

实验管径 $d_1 =$ _____ 10^{-2}m，孔径 $d_2 =$ _____ 10^{-2}m，水温 $T =$ _____℃。

运动黏度 $v = 0.01775 \times 10^{-4}/(1 + 0.0337T + 0.000221T^2) =$ _____ m²/s。

文丘里管理论常数 $C = \dfrac{\pi}{4} \dfrac{d_1^2 d_2^2}{\sqrt{d_1^4 - d_2^4}} \sqrt{2g} =$ _____ m²·⁵/s。

2. 数据整理及记录计算（见表 5-1 和表 5-2）。

表 5-1　实验数据记录　　　　　　　　　　　　实验台编号：_____

实验次序	h_1/cm	h_2/cm	计量水体积/cm³ · s⁻¹	测量时间/s	水温/℃
1					
2					
3					
4					
5					
6					

表 5-2　实验数据计算

实验次序	实际流量 Q/cm³ · s⁻¹	压差 Δh/cm	理论流量 Q_T/cm³ · s⁻¹	流量系数 μ	$Re = \dfrac{vd}{v}$
1					
2					
3					
4					
5					
6					

注：流量系数最后要取平均值。

流量系数 μ =_____。

5.5.3　实验分析与思考

1. 绘制 Q-Δh 关系曲线。

2. 文丘里管能否倒装，并说明原因。

3. 文丘里流量计的实际流量与理论流量为什么会有差别，这种差别是由哪些因素造成的？

4. 文丘里流量计的流量系数是否与雷诺数有关？通常给出一个固定的流量系数应如何理解。

5. 文丘里流量计有什么安装要求和使用条件？

6. 在实验中影响文丘里流量计流量大小的因素有哪些？哪个因素影响最敏感？

实验 6　局部阻力系数测定实验

流体的局部损失取决于流道局部扰动引起的流场结构特征，例如，流动管道的突然扩大或者突然缩小，三通连接处的汇流与分流，弯头处流动急剧转向，阀门处的突扩与突缩等，流动边界的这些急剧变化均会引起流动的分离，使流场内部形成速度梯度较大的剪切层，在强剪切层内流动很不稳定，会不断产生旋涡，将流动的能量转化成脉动的能量。因此流动的局部阻力根源是流道的局部突变，所以能够将能量损失视作在发生局部流道变化的极小的范围内完成。

6.1　实　验　目　的

1. 验证圆管突然扩大、突然缩小局部水头损失的理论公式。
2. 用三点法、四点法测定两种局部管件（突扩、突缩）在流体流经管路时的局部阻力系数，并将测得值与理论值做比较。
3. 加深对局部损失机理的理解。

6.2　实　验　原　理

局部阻力系数测定的主要部件为局部阻力实验管路，它由细管和粗管组成一个突扩和一个突缩组件，并在等直细管的中间段接入一个阀门组件。每个阻力组件两侧一定间距的断面上都设有测压孔，并用测压管与测压板上相应的测压管相连接。当流体流经实验管路时，可以测出各测压孔截面上测压管的水柱高度及前、后截面的水柱高度差 Δh。实验时还需要测定实验管路中的流体流量。由此可以测算出水流流经各局部阻力组件的水头损失 h_{ξ}，从而最后得出各局部组件的局部阻力系数 ξ。

6.2.1　突然扩大

圆管流动中，在断面处管道直径由 d_1 突然扩大到 d_2，假定管内液体的流速为较大的紊流，实验发现流线将在边界突变处发生变化，如果在下游断面处主流已恢复充满整个管道截面，则在突扩与断面区范围内，主流与边界之间形成环状回流区，如图 6-1 所示（具体现象可见流动演示仪）。回流区与主流的分界面是一个强剪切层，该层内的旋涡产生与发展，使分界面上发生质量、动量与能量的交换，平均流动的能量通过该分界面传递到回流区后在当地被消耗，剪切层内形成的部分旋涡会进入主流并运动至下游逐渐衰灭。

采用三点法计算，三点法是在突然扩大管段上布设三个测点，如图 6-2 所示的测点 1、2、3 所示。其中，流段 1—2 为突扩段局部损失发生段，流段 2—3 为均匀流速段。

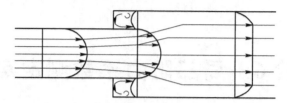

图 6-1　突扩管流动示意图

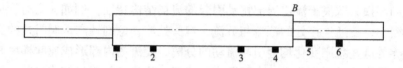

图 6-2　实验管路测点分布图

式（6-1）中 $h_{\mathrm{f1-2}}$ 由 $h_{\mathrm{f2-3}}$ 按流段长度比例换算得出。

$$h_{\mathrm{w}} = h_{\mathrm{je}} + h_{\mathrm{f1-2}} = \left(z_1 + \frac{p_1}{\rho g} + \frac{\alpha_1 v_1^2}{2g} \right) - \left(z_2 + \frac{p_2}{\rho g} + \frac{\alpha_2 v_2^2}{2g} \right)$$

实测 $\qquad h_{\mathrm{je}} = \left[\left(z_1 + \frac{p_1}{\rho g} \right) + \frac{\alpha_1 v_1^2}{2g} \right] - \left[\left(z_2 + \frac{p_2}{\rho g} \right) + \frac{\alpha_2 v_2^2}{2g} + h_{\mathrm{f1-2}} \right]$ 　　　　(6-1)

式中，α_1、α_2 取 1，测压管水头 $\left(z_1 + \dfrac{p_1}{\rho g} \right)$、$\left(z_2 + \dfrac{p_2}{\rho g} \right)$ 从测压管中直接读取。流速水头 $\dfrac{\alpha_1 v_1^2}{2g}$、$\dfrac{\alpha_2 v_2^2}{2g}$ 则根据体积法所测流量 Q 和管径 d_1 和 d_2 算出流速 v_1、v_2。

若圆管突扩段的局部阻力系数 ξ_{e} 用上游的流速 v_1 表示，有

$$\xi_{\mathrm{e}} = \frac{h_{\mathrm{je}}}{\dfrac{\alpha v_1^2}{2g}}$$

式中　h_{w}——测点 1—2 间的总水头损失；

$\qquad h_{\mathrm{je}}$——测点 1—2 间的局部水头损失；

$\qquad h_{\mathrm{f1-2}}$——测点 1—2 间的沿程水头损失；

$\qquad \xi_{\mathrm{e}}$——断面突然扩大流体局部水头损失系数的实测值。

理论 $\qquad\qquad\qquad\qquad \xi_{\mathrm{e}}' = \left(1 - \frac{A_1}{A_2} \right)^2$

$$h_{\mathrm{je}}' = \xi_{\mathrm{e}}' \frac{\alpha v_1^2}{2g}$$

式中　h_{je}'——理论上测点 1—2 间的局部水头损失；

$\qquad \xi_{\mathrm{e}}'$——断面突然扩大流体局部水头损失系数的理论值；

$\qquad A_1$，A_2——测点 1、测点 2 断面面积。

6.2.2　突然缩小

采用四点法计算，式（6-2）中 B 点为突缩点，$h_{\mathrm{f4-B}}$、$h_{\mathrm{fB-5}}$ 由流段长度比例换算得出。

实测 $\qquad h_{\mathrm{js}} = \left[\left(z_4 + \frac{p_4}{\rho g} \right) + \frac{\alpha v_4^2}{2g} - h_{\mathrm{f4-B}} \right] - \left[\left(z_5 + \frac{p_5}{\rho g} \right) + \frac{\alpha v_5^2}{2g} + h_{\mathrm{fB-5}} \right]$ 　　(6-2)

因此，只要实验测得 4 个测点的测压管水头值 h_3、h_4、h_5、h_6 及流量等，即可得到突然缩小段局部阻力水头损失（见图 6-3）。

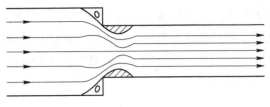

图 6-3　突缩管流动示意

若圆管突缩短的局部阻力系数 ξ_s 用下游的流速 v_5 表示，有

$$\xi_s = h_{js} \Big/ \left(\frac{\alpha v_5^2}{2g} \right)$$

式中　h_{js}——测点 4—5 间的局部水头损失；

$\quad\;\; h_{f4\text{-}B}$——测点 4—B 间的沿程水头损失；

$\quad\;\; h_{fB\text{-}5}$——测点 B—5 间的沿程水头损失；

$\quad\;\; \xi_s$——断面突然缩小流体局部水头损失系数的实测值。

经验公式为

$$\xi'_s = 0.5 \left(1 - \frac{A_5}{A_4} \right)^2$$

$$h'_{js} = \xi'_s \frac{\alpha v_5^2}{2g}$$

式中　h'_{js}——经验上测点间的局部水头损失；

$\quad\;\; \xi'_s$——断面突然缩小流体局部水头损失系数的经验值；

$\quad\;\; A_5$，A_4——测点 5、测点 4 断面面积。

6.2.3　测量局部阻力系数的二点法

在局部阻碍处（突扩或者突缩）的前、后顺直流段上分别设置一个测点，在一定流量下测得两点间的水头损失，然后将等长度的直管段替换局部阻碍段（突扩或者突缩），再将同一流量下测得两点间水头损失，由两水头损失之差即可得局部阻碍段（突扩或者突缩）局部水头损失。

实验说明：对于一般流动情况，能够将局部损失表示成通用公式的形式，即

$$h_j = \xi \frac{v^2}{2g}$$

式中　v——某一特征断面的平均流速；

$\quad\;\; \xi$——局部损失系数（需要根据实验来测定）。

由于局部损失的大小与流态有关，局部损失系数 ξ 除了与管道管壁的几何特征有关外，还取决于雷诺数 Re 的大小。然而从实用的观点来看，流动受到局部干扰后会较早地进入阻力平方区。

因此在实际计算时，可以认为在雷诺数 $Re > 1 \times 10^4$ 的条件下，ξ 与 Re 无关。

6.3　实　验　步　骤

本实验采用局部阻力系数测定实验管，总长 1200mm，内直径为 25mm 和 14mm，有机玻璃制作，在靠近流量调节阀处安装有总静压测点用以测量实验管内的流量，在内直径扩大段和缩小段共安装有 6 个测压点，采用三点法测量突扩段局部阻力系数，采用四点法测量突缩段局部阻力系数（见图 6-4）。

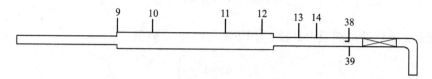

图 6-4　局部阻力实验管

6.3.1　实验前准备工作

1. 认真阅读绪论，熟悉实验原理和实验装置的结构。

2. 接通电源，并将水泵插座插在实验台插孔上，在系统界面选择局部阻力实验进入局部阻力实验界面，打开水泵开关，此时也可再进行一次压力校正和流量校正。

3. 点击实验界面上的水泵控制（1 为开启，0 为停止）即开启水泵以及水泵上水管和上水阀，可以观察到自循环供水器内水位高过溢流板后，水箱水位不变，即实现恒压供水（见图 6-5）。

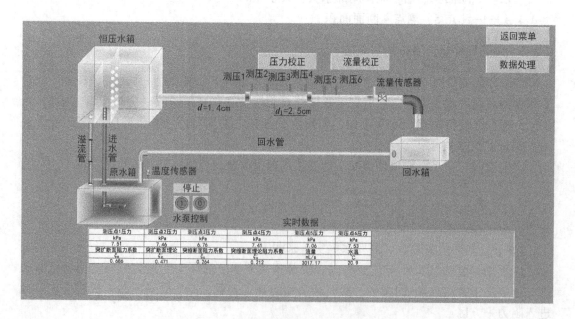

图 6-5　局部阻力系数测定实验界面

4. 排气：打开实验管上的流量调节阀门，通过水流将管路内的空气带走。排净管内空气后，将流量调节阀关闭并观察测各个压力点数值是否相同，如果各个测压点数值不同则可能是管路内局部堵塞，有气泡或者漏水等问题，需再次排查并解决，调节完成时，在实验管上的流量调节阀均关闭的情况下，各个测压点的数值应相同。

5. 控制溢流量：调节水泵上水阀的开度使得溢流量较小，水面较稳定（若已完成可忽略此步）。

6.3.2　测量突扩、突缩段的局部阻力系数

1. 把尾阀开到最大，这时实验管道通过的流量最大，测压管的液位差最大（即压差最大）。水流稳定后，在组态软件界面上读取压差，并记录测压管水头数值。

2. 利用体积法（用量筒和秒表测量单位时间内流过的水的体积）测量流量，注意测流量的时间不少于 20s 或者计量水的体积不少于 3~4L。

3. 减小尾阀的开度，减小实验流量，压差的减少量控制在 4cm 左右（即压差比上次减小 2cm，不强制要求）。水流稳定后，再开始测量水温（在实验界面读出即可）、流量和压差，并记录。检查数据无误后，改变流量，再次测量，一般做到 6 个工况。

4. 再次检查数据无误后，关闭电源，收拾实验桌，结束实验并可通过组态软件处理实验数据，点击返回菜单回到系统界面。

6.4　实验注意事项

1. 实验时，一定要注意安全用电。

2. 操作时，用力不要过猛，以免损坏仪器。

3. 计算时，要注意断面的位置。

4. 实验点的压差值不宜太接近。适当减小流量，需要稳定 2~3min 后测量在新工况下的实验结果。

5. 整理资料时，一定要注意单位的统一。

6. 做完实验后，将量筒、温度计放回原处。

6.5　实验报告内容

6.5.1　实验前的预习内容（到实验室前完成）

1. 实验目的

2. 实验仪器及其基本数据

3. 实验原理

6.5.2　实验数据记录及整理

1. 记录实验装置上有关常数。

突然扩大前管径 d_1 = _____ 10^{-2}m，断面面积 A_1 = _____ m²。

突然扩大后管径 d_2 = _____ 10^{-2}m，断面面积 A_2 = _____ m²。

突然缩小前管径 d_3 = _____ 10^{-2}m，断面面积 A_3 = _____ m²。

突然缩小后管径 d_4 = _____ 10^{-2}m，断面面积 A_4 = _____ m²。

l_{9-10} = _____ 10^{-2}m，l_{10-11} = _____ 10^{-2}m，l_{11-12} = _____ 10^{-2}m。

l_{12-B} = _____ 10^{-2}m，l_{B-13} = _____ 10^{-2}m，l_{13-14} = _____ 10^{-2}m。

2. 数据整理及记录计算。

将实验所得测试结果及实验装置的必要技术数据记入表 6-1。计算各局部阻力组件的阻力水头损失 h_ξ 和局部阻力系数 ξ，填入表 6-2。

由流量 Q 和管径 D，可知断面平均速度 $v = \dfrac{4Q}{\pi D^2}$。

表 6-1　实验数据记录与计算　　　　　　　　　　实验台编号：_____

实验次序	测压管水头高度的测量/cm						流速的计算			
	h_9	h_{10}	h_{11}	h_{12}	h_{13}	h_{14}	体积 V/cm³	时间 t/s	流量 Q/cm³·s⁻¹	流速 v/cm·s⁻¹
1										
2										
3										
4										
5										
6										

表6-2 局部阻力系数的计算

局部阻力形式	实验次序	流量 $Q/\mathrm{cm^3 \cdot s^{-1}}$	前断面		后断面		实测沿程损失 h_f/cm	实测局部损失 h_j/cm	实测局部阻力系数 ξ	理论局部损失 h_ξ/cm
			$\dfrac{\alpha v^2}{2g}/\mathrm{cm}$	总水头 h/cm	$\dfrac{\alpha v^2}{2g}/\mathrm{cm}$	总水头 h/cm				
突然扩大	1									
	2									
	3									
	4									
	5									
	6									
突然缩小	1									
	2									
	3									
	4									
	5									
	6									

6.5.3 实验分析与思考

1. 结合实验成果，分析比较突扩与突缩在相应条件下的局部损失大小。

2. 结合实验中的水力现象，分析局部阻力损失机理，产生突扩与突缩局部阻力损失的主要因素，以及怎样减小局部阻力损失。

3. 将实验测得到的 ξ 值与理论公式计算值（突扩）与经验公式值（突缩）相比较，并对结果做出分析。

4. 管径粗细相同、流量相同的条件下，试问 $d_1/d_2(d_1>d_2)$ 在何范围内圆管突然扩大的水头损失比突然缩小的大？

5. 为什么管流突然扩大的2—2断面要取粗管上测压管水头最高的断面？

实验 7　伯努利方程实验

瑞士科学家丹尼尔·伯努利在 1726 年通过无数次实验，发现了边界层表面效应：流体速度加快时，物体与流体接触的界面上的压力会减小，反之压力会增加，提出了伯努利原理。这是在流体力学的连续介质理论方程建立之前，水力学所采用的基本原理，其实质是流体的机械能守恒，即动能+重力势能+压力势能＝常数。其最为著名的推论为等高流动时，流速大，压力就小。

需要注意的是，由于伯努利方程是由机械能守恒推导出的，所以它仅适用于黏度可以忽略、不可压缩的理想流体。

7.1　实 验 目 的

1. 实测有压输水管路中的数据，绘制管路的测压管水头线和总水头线，以验证能量方程并观察测压管水头线沿程随管径变化的情况。
2. 掌握"体积法"测流量的方法。
3. 验证连续方程、能量方程，掌握一种测量流体流速的方法。

7.2　实 验 原 理

7.2.1　定性分析实验

验证静压原理：启动水泵，等水灌满管道后，关闭两端阀门，这时观察到能量方程实验管上各个测压管的液柱高度相同，因管内的水流静止没有流动损失，因此静水头的连线为一条平行于基准线的水平线，即在静止不可压缩均质重力流体中，任意点单位重力作用下的位势能和压力势能之和保持不变，与测点的高度和测点的前后位置无关。

7.2.2　测速

伯努利方程实验管上的每一组测压管都相当于一个毕托管，可测得管内任一点的流体速度，本实验台已将测压管开口位置设在伯努利方程实验管的轴心，故所测得为轴心处的动压，即最大速度。

毕托管点的速度计算公式为　　　　$v_p = \sqrt{2g\Delta h}$

平均速度计算公式为　　　　　　　$v = \dfrac{Q}{A}$

式中　v——流体的平均流速；

$\quad\quad Q$——流体的流量；

$\quad\quad A$——管路的过流截面面积。

连续方程是质量守恒定律在流体力学上的表现形式，在一元流动中，根据 $v_1 A_1 = v_2 A_2 = Q$，计算某一工况各测点处的轴心速度和平均流速，可验证连续性方程。对于不可压缩流体稳定的流动，当流量一定时，管径粗的地方流速小，细的地方流速大。

7.2.3　伯努利方程

在实验管路上沿管内水流的方向取 n 个过水断面，在恒定流动中，列出进口断面（1）与另一断面（2）的伯努利方程，实际流体具有黏性，在流动中有能量损失，对于实际流体的能量方程（即伯努利方程）为

$$z_1 + \frac{p_1}{\rho g} + \frac{\alpha_1 v_1^2}{2g} = z_2 + \frac{p_2}{\rho g} + \frac{\alpha_2 v_2^2}{2g} + h_{\mathrm{fl}-2}$$

式中　　　$\dfrac{\alpha_1 v_1^2}{2g}$，$\dfrac{\alpha_2 v_2^2}{2g}$——速度水头，即单位质量流体所具有的动能；

$\dfrac{p_1}{\rho g}$，$\dfrac{p_2}{\rho g}$——压强水头，即单位质量流体所具有的压强势能；

z_1，z_2——位置水头，即单位质量流体所具有的位能；

$z_1 + \dfrac{p_1}{\rho g}$，$z_2 + \dfrac{p_2}{\rho g}$——测压管水头，即单位质量流体所具有的总势能；

$z_1 + \dfrac{p_1}{\rho g} + \dfrac{\alpha_1 v_1^2}{2g}$，$z_2 + \dfrac{p_2}{\rho g} + \dfrac{\alpha_2 v_2^2}{2g}$——总水头，即单位质量流体所具有的机械能；

$h_{\mathrm{fl}-2}$——断面 1 到断面 2 间的水头损失，也称能量损失。

流体从断面 1 到断面 2 时，位能、压力势能和动能三者可以相互转化，如果加上能量损失，应该保持一个常数 H。

选好基准面，从已设置的各断面的测压管中读出 $z + \dfrac{p}{\rho g}$ 值，测出通过管路的流量，即可计算出断面平均流速 v 及 $\dfrac{\alpha v^2}{2g}$，从而即可得到各断面测压管水头和总水头。

7.2.4　过流断面的性质

均匀流或渐变流断面流体动压强符合静压强的分布规律，即在同一断面上 $z + \dfrac{p}{\rho g} = C$，但在不同过流断面上的测压管水头不同 $z_1 + \dfrac{p_1}{\rho g} \neq z_2 + \dfrac{p_2}{\rho g}$。急变流断面上 $z + \dfrac{p}{\rho g} \neq C$。

7.2.5　普通测压管

实验中测压管分为普通测压管与毕托管测压管（全压管）。普通测压管即压测管，用于测量静压强或者静水头，毕托管测压管（全压管）用于测量轴中心处的全压强或者总水头。

$$H = z + \frac{p}{\rho g} + \frac{\alpha v^2}{2g}$$

7.3　实验步骤

本实验采用伯努利方程验证实验管总长 1200mm，实验管内直径为 14mm，扩大段实验管为 25mm，文丘里段喉部内直径为 8mm。有机玻璃制作，在靠近流量调节阀处安装有总静压测点用以测量实验管内的流量，在伯努利实验管上共安装有 13 个测压点，包括总压测点和静压测点，并设置了位置水头转变为速度水头实验段，突扩段，突缩段（见图 7-1）。

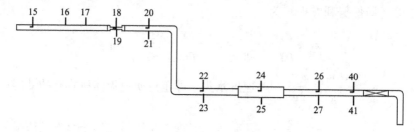

图 7-1　伯努利实验管

7.3.1　实验前准备工作

1. 认真阅读绪论，熟悉实验设备，分清哪些测压管是普通测压管，哪些是毕托管测压管，以及两者功能的区别。

2. 接通电源，并将水泵插座插在实验台插孔上，在系统界面选择伯努利方程实验进入伯努利方程实验界面，打开水泵开关，此时也可再进行一次压力校正和流量校正（见图 7-2）。

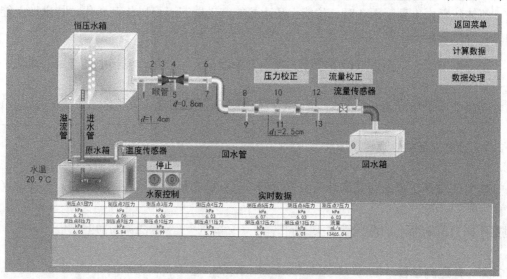

图 7-2　伯努利方程实验界面

3. 点击实验界面上的水泵控制（1 为开启，0 为停止）即开启水泵以及水泵上水管和上水阀，可以观察到自循环供水器内水位高过溢流板后，水箱水位不变，即实现恒压供水。

4. 排气：打开实验管上的流量调节阀门，通过水流将管路内的空气带走。排净管内空气后，将流量调节阀关闭并观察测各个压力点数值是否相同，如果各个测压点数值不同则可能是管路内局部堵塞，有气泡或者漏水等问题，需再次排查并解决，调节完成时，在实验管上的流量调节阀均关闭的情况下，各个测压点的数值应相同。

　　5. 控制溢流量：调节水泵上水阀的开度使得溢流量较小，水面较稳定（若已完成可忽略此步）。

7.3.2　验证伯努利方程

　　1. 打开出水侧调节阀，观察思考：
　　(1) 测压水头线和总水头线的变化趋势。
　　(2) 位置水头、压强水头之间的相互关系。
　　(3) 流量增加或减小时测管水头如何变化。
　　2. 调节阀打开到一个比较小的幅度，待实验管路水流稳定 2~3min 后，在组态软件界面上读取压差，并记录测压管水头数值。
　　3. 利用体积法（用量筒和秒表测单位时间流过的水的体积）测实验流量。注意测流量的时间不少于 20s 或者计量水的体积不少于 3~4L。
　　4. 改变出水侧阀门开度 9 次（即增大尾阀的开度，增大实验流量），其中一次为最大流量，重复实验步骤 2、3（注意最后一根测压管液面不可超过标尺零点）。
　　5. 检查数据无误后，关闭电源，收拾实验桌，结束实验并可通过组态软件处理实验数据，点击返回菜单回到系统界面。

7.4　实验注意事项

　　1. 流量不要太大，以免有些测压管水位过低，影响读数，甚至引起管道吸进空气，影响实验。
　　2. 流量调节阀打开时要保证测压管液面在标尺刻度范围内。
　　3. 一定要在水流恒定后才能测量。
　　4. 流速较大时，测压管水位有波动，读数时要读取均值。
　　5. 实验时一定要注意安全用电。
　　6. 实验结束后，一定要关闭电源，拔掉电源插头。

7.5　实验报告内容

7.5.1　实验前的预习内容（到实验室前完成）

　　1. 实验目的

52

2. 实验仪器及其基本数据

3. 实验原理

7.5.2　实验数据记录及整理

1. 记录实验装置上有关常数。

各测点断面管径数据见表 7-1。

表 7-1　各测点断面管径数据　（mm）

测点编号	15、16、17	18、19	20、21	22、23	24、25	26、27	40、41
管径	均匀段 D_1	缩管段 D_2	均匀段 D_1		扩管段 D_3	均匀段 D_1	

2. 测记测压管静压水头 $z + \dfrac{p}{\rho g}$ 和流量 Q，测记毕托管测点读数（见表 7-2 和表 7-3）。

表 7-2　各测点静压水头 $z+\dfrac{p}{\rho g}$ 和流量 Q

	测点编号	16	17	18	20	22	24	26
第一组	流量 $Q/\mathrm{cm^3 \cdot s^{-1}}$							
	静压水头/cm							
第二组	流量 $Q/\mathrm{cm^3 \cdot s^{-1}}$							
	静压水头/cm							
第三组	流量 $Q/\mathrm{cm^3 \cdot s^{-1}}$							
	静压水头/cm							
第四组	流量 $Q/\mathrm{cm^3 \cdot s^{-1}}$							
	静压水头/cm							
第五组	流量 $Q/\mathrm{cm^3 \cdot s^{-1}}$							
	静压水头/cm							

测点编号		16	17	18	20	22	24	26
第六组	流量 $Q/\mathrm{cm}^3 \cdot \mathrm{s}^{-1}$							
	静压水头/cm							
第七组	流量 $Q/\mathrm{cm}^3 \cdot \mathrm{s}^{-1}$							
	静压水头/cm							
第八组	流量 $Q/\mathrm{cm}^3 \cdot \mathrm{s}^{-1}$							
	静压水头/cm							
第九组	流量 $Q/\mathrm{cm}^3 \cdot \mathrm{s}^{-1}$							
	静压水头/cm							
第十组	流量 $Q/\mathrm{cm}^3 \cdot \mathrm{s}^{-1}$							
	静压水头/cm							

表 7-3　毕托管测点总水头 $z+\dfrac{p}{\rho g}+\dfrac{\alpha v^2}{2g}$ （cm）

测点编号	15	19	21	23	25	27
第一组						
第二组						
第三组						
第四组						
第五组						
第六组						
第七组						
第八组						
第九组						
第十组						

3. 计算速度水头和总水头

由流量 Q 和管径 D，可知断面平均速度 $v=\dfrac{4Q}{\pi D^2}$，则流速水头为 $\dfrac{8Q^2}{\pi^2 D^4 g}$（见表 7-4 和表 7-5）。

表 7-4　各断面速度水头 $\dfrac{\alpha v^2}{2g}$

管径 /cm	第一组流量 $Q/\mathrm{cm}^3 \cdot \mathrm{s}^{-1}$			第二组流量 $Q/\mathrm{cm}^3 \cdot \mathrm{s}^{-1}$			第三组流量 $Q/\mathrm{cm}^3 \cdot \mathrm{s}^{-1}$		
	A/cm^2	$v/\mathrm{cm}^2 \cdot \mathrm{s}^{-1}$	$\dfrac{\alpha v^2}{2g}/\mathrm{cm}$	A/cm^2	$v/\mathrm{cm}^2 \cdot \mathrm{s}^{-1}$	$\dfrac{\alpha v^2}{2g}/\mathrm{cm}$	A/cm^2	$v/\mathrm{cm}^2 \cdot \mathrm{s}^{-1}$	$\dfrac{\alpha v^2}{2g}/\mathrm{cm}$
$D_1=$									
$D_2=$									
$D_3=$									

注：$g=9.8\mathrm{m/s}^2$。

表 7-5 各断面总水头 $z+\dfrac{p}{\rho g}+\dfrac{\alpha v^2}{2g}$

测点编号		16	17	18	20	22	24	26
第一组	流量 $Q/\mathrm{cm}^3\cdot\mathrm{s}^{-1}$							
	静压水头/cm							
第二组	流量 $Q/\mathrm{cm}^3\cdot\mathrm{s}^{-1}$							
	静压水头/cm							
第三组	流量 $Q/\mathrm{cm}^3\cdot\mathrm{s}^{-1}$							
	静压水头/cm							
第四组	流量 $Q/\mathrm{cm}^3\cdot\mathrm{s}^{-1}$							
	静压水头/cm							
第五组	流量 $Q/\mathrm{cm}^3\cdot\mathrm{s}^{-1}$							
	静压水头/cm							
第六组	流量 $Q/\mathrm{cm}^3\cdot\mathrm{s}^{-1}$							
	静压水头/cm							
第七组	流量 $Q/\mathrm{cm}^3\cdot\mathrm{s}^{-1}$							
	静压水头/cm							
第八组	流量 $Q/\mathrm{cm}^3\cdot\mathrm{s}^{-1}$							
	静压水头/cm							
第九组	流量 $Q/\mathrm{cm}^3\cdot\mathrm{s}^{-1}$							
	静压水头/cm							
第十组	流量 $Q/\mathrm{cm}^3\cdot\mathrm{s}^{-1}$							
	静压水头/cm							

7.5.3 实验分析与思考

1. 绘制最大流量下的全压线（总水头线）和测压管静水头线。

2. 测压管水头线和总水头线的变化趋势有何不同，为什么？

3. 比较测压管（总压管）所测总水头和用平均流速计算出的总水头之间的大小，分析水流在直道和弯道处的测压管水头在各部位的大小情况。

4. 流量增加，测压管水头线有何变化，为什么？

5. 测压管（总压管）所显示的总水头线与实测绘制的总水头线一般都略有差异，试分析其原因。

6. 为什么能量损失沿流动的方向是逐渐增大的？

第二部分　演示性实验

实验 8　流态演示实验

8.1　实　验　目　的

1. 观察流体在紊流状态下绕不同固体边界的流动现象，进一步了解流体运动律。
2. 观察流速及边界变化对流体运动状态的影响。

8.2　实　验　装　置

实验装置的结构示意图如图 8-1 所示，显示过流断面示意图如图 8-2 所示。

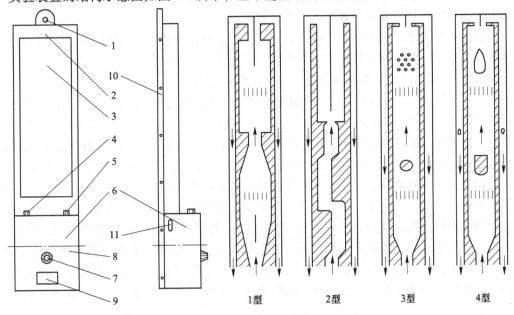

图 8-1　结构示意图

1—挂孔；2—彩色有机玻璃面罩；
3—不同边界的流动显示面；4—加水孔孔盖；
5—掺气量调节阀；6—蓄水箱；
7—可控硅无级调速旋钮；8—电器、水泵室；
9—标牌；10—铝合金框架后盖；11—水位观测窗

图 8-2　显示过流断面示意图

1 型—管道渐扩、渐缩、突扩、突缩、壁面冲击及直
角弯道；2 型—30°弯头、直角圆弧弯头、直角弯头、
小 45°弯头及非自由射流流段；3 型—明渠渐扩、单圆柱
绕流、多圆柱绕流及直角弯道；4 型—明渠渐扩、桥墩形
钝体绕流、流线体绕流、直角弯道和正反流线体绕流

8.3　实　验　原　理

本设备用气泡做示踪介质，显示图像清晰、稳定。狭缝流道中设有特定边界流场，用

以显示内流、外流等不同边界的流动图谱。半封闭状态下的工作液体（水）由水泵驱动自蓄水箱经掺气后流经显示板，形成无数小气泡随水流流动，在日光灯照射和显示板的衬托下，小气泡发出明亮的折射光，清晰地显示出小气泡随水流流动的图像。由于气泡的粒径大小、掺气量的多少可自由调节，故能使小气泡相对水流流动具有足够的跟踪性，可十分鲜明、形象地显示不同边界流场的迹线、边界层分离、尾流、旋涡等多种流动图谱，有很强的直观效果。

8.4　实验内容

8.4.1　1型

用以显示逐渐扩散、逐渐收缩、突然扩大、突然收缩、壁面冲击、直角弯道等平面上的流动图像，模拟串联管道纵剖面流谱。

在逐渐扩散段可看到由边界层分离而形成的旋涡，且靠近上游喉颈处，流速越大，涡旋尺度越小，紊动强度越高；而在逐渐收缩段，无分离，流线均匀收缩，亦无旋涡，由此可知，逐渐扩散段局部水头损失大于逐渐收缩段。

在突然扩大段出现较大的旋涡区，而突然收缩只在死角处和收缩断面的进口附近出现较小的旋涡区。表明突扩段比突缩段有较大的局部水头损失（缩扩的直径比大于0.7时例外），而且突缩段的水头损失主要发生在突缩断面后部。

由于本仪器突缩段较短，故其流谱亦可视为直角进口管嘴的流动图像。在管嘴进口附近，流线明显收缩并有旋涡产生，致使有效过流断面减小，流速增大。从而在收缩断面出现真空。在直角弯道和壁面冲击段，也有多处旋涡区出现。尤其在弯道流中，流线弯曲更剧，越靠近弯道内侧，流速越小。且近内壁处，出现明显的回流，所形成的回流范围较大。

旋涡的大小和紊动强度与流速有关。可通过流量调节观察对比，例如流量减小，渐扩段流速较小，其紊动强度也较小，这时可看到在整个扩散段有明显的单个大尺度涡旋。反之，当流量增大时，这种单个尺度涡旋随之破碎并形成无数个小尺度的涡旋，且流速越高，紊动强度越大，则旋涡越小，可以看到，几乎每一个质点都在其附近激烈地旋转着。又如，在突扩段，也可看到旋涡尺度的变化。据此清楚表明：紊动强度越大，涡旋尺度越小，几乎每一个质点都在其附近激烈地旋转着。由于水质点间的内摩擦越厉害，水头损失就越大。

8.4.2　2型

30°弯头、直角圆弧弯头、直角弯头、45°弯头及非自由射流等流段纵剖面上的流动图像。

由显示可见，在每一转弯的后面，都因边界层分离而产生旋涡。转弯角度不同，旋涡大小、形状各异。在圆弧转弯段，流线较顺畅，该串联管道上，还显示局部水头损失叠加影响的图谱。

在非自由射流段，射流离开喷口后，不断卷吸周围的流体，形成射流的紊动扩散。在此流段上还可看到射流的"附壁效应"现象。

8.4.3　3 型

显示明渠逐渐扩散，单圆柱绕流、多圆柱绕流及直角弯道等流段的流动图像。圆柱绕流是该型演示仪的特征流谱。

由显示可见，单圆柱绕流时的边界层分离状况，分离点位置、卡门涡街的产生与发展过程以及多圆柱绕流时的流体混合、扩散、组合旋涡等流谱，现分述如下：

1. 滞止点观察流经前驻滞点的小气泡，可见流速的变化由 $v_0 \to 0 \to v_{max}$，流动在滞止点上明显停滞（可结合说明能量的转化及毕托管测速原理）。

2. 边界层分离。结合显示图谱，说明边界层、转捩点概念并观察边界层分离现象，边界层分离后的回流形态以及圆柱绕流转捩点的位置。

边界层分离将引起较大的能量损失。结合渐扩段的边界层分离现象，还可说明边界层分离后会产生局部低压，以至于有可能出现空化和空蚀破坏现象，如文氏管喉管出口处。

3. 卡门涡街圆柱的轴与来流方向垂直。在圆柱的两个对称点上产生边界层分离后，不断交替在两侧产生旋转方向相反的旋涡，并流向下游，形成冯·卡门（Von Karman）"涡街"。

4. 多圆柱绕流，被广泛用于热工中的传热系统的"冷凝器"及其他工业管道的热交换器等，流体流经圆柱时，边界层内的流体和柱体发生热交换，柱体后的旋涡则起混掺作用，然后流经下一柱体，再交换再混掺。换热效果较佳。另外，对于高层建筑群，也有类似的流动图像，即当高层建筑群承受大风袭击时，建筑物周围也会出现复杂的风向和组合气旋，即使在独立的高建筑物下游附近，会出现分离和尾流，这应引起建筑师的重视。

8.4.4　4 型

显示明渠渐扩、桥墩形钝体绕流、流线体绕流、直角弯道和正、反流线体绕流等流段上的流动图谱。

桥墩形柱体绕流。该绕流体为圆头方尾的钝形体，水流脱离桥墩后，形成一个旋涡区——尾流，在尾流区两侧产生旋向相反且不断交替的旋涡，即卡门涡街。与圆柱绕流不同的是，该涡街的频率具有较明显的随机性。

该图谱主要作用有两个：

1. 说明了非圆柱体绕流也会产生卡门涡街。

2. 对比观察圆柱绕流和该钝体绕流可见：前者涡街频率 f 在 Re 不变时它也不变；而后者，即使 Re 不变，f 却随机变化。由此说明了为什么圆柱绕流频率可由公式计算，而非圆柱绕流频率一般不能计算的原因。

流线型柱体绕流，这是绕流体的最好形式，流动顺畅，形体阻力最小。又从正、反流线体的对比流动可见，当流线体倒置时，也现出卡门涡街。因此，为使过流平稳，应采用顺流而放的圆头尖尾形柱体。

8.5　实　验　步　骤

1. 启动打开旋钮，关闭掺气阀，在最大流速下使显示面两侧下水道充满水。

2. 掺气量调节旋动调节阀 5，可改变掺气量。注意有滞后性，调节应缓慢，逐次进行，使之达到最佳显示效果。掺气量不宜太大，否则会阻断水流或产生振动（仪器产生剧烈噪声）。

8.6 思 考 题

1. 在弯道等急变流段测压管水头不按静水压强规律分布的原因是什么？
2. 拦污栅为什么会产生振动，甚至发生断裂破坏？

实验9 流谱流线演示实验

9.1 实 验 目 的

1. 了解电化学法流动显示方法。
2. 观察流体在势流状态下的流动轨迹，了解流线和迹线的定义与性质。

9.2 实 验 装 置

实验装置如图9-1所示。

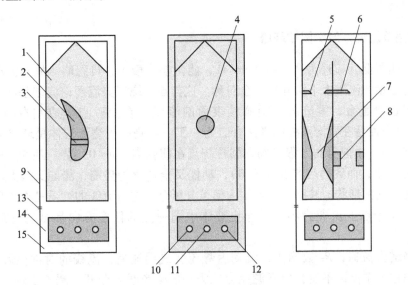

图9-1　流谱流线实验装置图

1—显示盘面；2—机翼；3—孔道；4—圆柱；5—孔板；6—闸板；7—文丘里管；
8—突扩和突缩；9—侧板；10—泵开关；11—对比度；12—电源开关；13—电极电压测点；
14—流速调节阀；15—放空阀（14与15内置于侧板内）

9.3 实 验 原 理

本装置采用电化学法电极染色显示流线技术，以平板间狭缝式流道为流动显示面。图中显示盘面1由两块透明有机玻璃平板粘贴而成，平板之间留有狭缝过流通道。工作液体在微型水泵驱动下，自仪器下部的蓄水箱流出，自下而上流过狭缝流道显示盘面1，再经顶端的汇流孔流回到蓄水箱中。在显示面底部的起始段流道内设有两排等间距的正、负电极。

工作液体为一种橘黄色显示液，水泵开启，工作液体流动，流经正电极液体被染成黄色，流经负电极液体被染成紫红色，形成红黄相间的流线，工作液体流过显示面后，经水泵混合后，中和消色，可循环使用。

本装置共有三种型号流谱仪，分别用以演示机翼绕流、圆柱绕流和管渠过流。

9.3.1　I 型单流道，演示机翼绕流的流线分布

由图像可见，机翼向天侧（外包线曲率较大）流线较密，由连续方程和能量方程可知，流线密，表明流速大，压强低；而在机翼向地侧，线较疏，压强较高。这表明整个机翼受到一个向上的合力，该力被称为升力。本仪器采用下述构造能显示出升力的方向：在机翼腰部开有沟通两侧的孔道，孔道中有染色电极。在机翼两侧压力差的作用下，必有液体分流经孔道从向地侧流至向天侧，这可通过孔道中染色电极释放的色素显现出来，染色液体流动的方向，即升力方向。

此外，在流道出口端（上端）还可观察到流线汇集到一处，并无交叉，从而验证流线不会重合的特性。

9.3.2　II 型单流道，演示圆柱绕流

因为流速很低（流速为 0.5~1.0cm/s），能量损失极小，可忽略。故其流动可视为势流。因此所显示的流谱上下游几乎完全对称。这与圆柱绕流势流理论流谱基本一致；圆柱两侧转捩点趋于重合，零流线（沿圆柱表面的流线）在前驻点分成左右两支，经 90°点（$u=u_{max}$），而后在背滞点处两者又合二为一了。这是由于绕流液体是理想液体（势流必备条件之一），由伯努利方程可知，圆柱绕流在前驻点（$u=0$）势能最大，90°点（$u=u_{max}$），势能最小，而到达后滞点（$u=0$），动能又全转化为势能，势能又最大。故其流线又复原到驻点前的形状。驻滞点的流线为何可分可合，这与流线的性质是否矛盾呢？不矛盾。因为在驻滞点上流速为零，而静止液体中同一点的任意方向都可能是流体的流动方向。

当适当增大流速，Re 数增大，流动由势流变成涡流后，流线的对称性就不复存在。此时虽然圆柱上游流谱不变，但下游原合二为一的染色线被分开，尾流出现。由此可知，势流与涡流是性质完全不同的两种流动（涡流流谱参见流动演示仪）。

9.3.3　III 型双流道

演示文丘里管、孔板、渐缩和突然扩大、突然缩小、明渠闸板等流段纵剖面上的流谱。演示是在小 Re 数下进行的，液体在流经这些管段时，有扩有缩。由于边界本身亦是一条流线，通过在边界上特布设的电极，该流线亦能得以演示。同上，若适当提高流动的雷诺数，经过一定的流动起始时段后，就会在突然扩大拐角处流线脱离边界，形成旋涡，从而显示实际液体的总体流动图谱。

利用该流线仪，还可说明均匀流、渐变流、急变流的流线特征。如直管段流线平行，为均匀流。文丘里的喉管段，流线的切线大致平行，为渐变流。突缩、突扩处，流线夹角大或曲率大，为急变流。

应强调指出，上述各类仪器，其流道中的流动均为恒定流。因此，所显示的染色线既是流线，又是迹线和色线（脉线）。因为据定义：流线是一瞬时的曲线，线上任一点的切线方向与该点的流速方向相同；迹线是某一质点在某一时段内的运动轨迹线；色线是源于同一点的所有质点在同一瞬间的连线。固定在流场的起始段上的电极，所释放的颜色流过显示面后，会自动消色。放色-消色对流谱的显示均无任何干扰。另外应注意的是，由于所显示的流线太稳定，以致有可能被误认为是人工绘制的。为消除此误会，演示时可将泵关闭一下再重新开启，由流线上各质点流动方向变化即可识别。

9.4　实　验　步　骤

1. 仪器下部面板上有左右两个扳把开关，（中间对比度调节钮一般不宜调整）开启顺序是：先开右侧电源开关，再开左侧泵开关。

2. 关闭顺序是：先关左侧泵开关，然后关闭右侧电源开关，拔掉电源插头。

9.5　思　考　题

1. 在定常状态下，从仪器中看到的染色线是流线还是迹线？

2. 势流状态下圆柱绕流是否有升力存在？为什么？

实验 10　水击演示实验

10.1　实　验　目　的

1. 观察有压管道中水击现象，增强对水击特性的感性认识。
2. 了解水击压强的测量、水击现象的利用和水击危害的消除方法。

10.2　实　验　装　置

水击实验装置如图 10-1 所示。

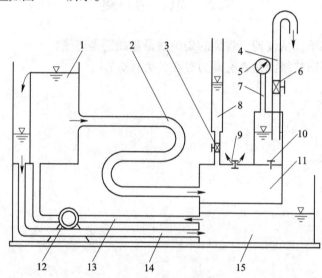

图 10-1　水击实验装置图

1—恒压供水箱；2—供水管；3—调压筒截止阀；4—扬水机出水管；5—气压表；
6—扬水机截止阀；7—压力室；8—调压筒；9—水击发生阀；10—逆止阀；
11—水击室；12—水泵；13—水泵吸水管；14—回水管；15—集水箱

10.3　实　验　原　理

在有压管道中流动的液体，由于某种外界因素（如闸门突然关闭或水泵突然停车），使液体流速突然变化，因动量的改变而引起的压强突然改变（增压和减压交替进行），这种现象称为水击。当增压和减压交替进行时，对于管壁或闸门有如锤击作用，故也称水锤。

本实验仪可用以演示水击波传播、水击扬水、调压筒消减水击工况以及水击压强的量测。

10.3.1   水击的产生和传播

在实验中，水泵 12 能把集水箱 15 中的水送入恒压供水箱 1 中，水箱 1 内设有溢流板和回水管，能使水箱中的水位保持恒定。工作水流自供水箱 1 经供水管 2 和水击室 11，再通过水击发生阀 9 的阀孔流出，回到集水箱 15。

在实验时，先关闭截止阀 6 和调压筒截止阀 3，触发水击发生阀 9。当水流通过水击发生阀 9 时，水的冲击力使水击发生阀 9 上移关闭且快速截止水流，因而在供水管 2 的末端首先会产生最大的水击升压，并使水击室 11 同时承受到这一水击压强。水击升压以水击波的形式迅速沿着压力管道向上游传播，到达进口以后，由进口反射回来一个减压波，使供水管 2 末端和水击室 11 内发生负的水击压强。

本实验仪能通过水击发生阀 9 和逆止阀 10 的动作过程观察到水击波的来回传播变化现象。即水击发生阀 9 关闭，产生水击升压，使逆止阀 10 克服压力室 7 的压力而瞬时开启，水也随即注入压力室内，并可看到气压表 5 随着产生压力波动。然后，在进口传来的负水击作用下，水击室 11 压强低于压力室 7，使逆止阀 10 关闭，同时，负水击又使水击发生阀 9 下移而开启。这一动作过程既能观察到水击波的传播变化现象，又能使本实验仪保持往复的自动工作状态，即当水击发生阀再次开启后，水流又经阀孔流出，恢复到初始工作状态。这样周而复始，水击发生阀不断地开启、关闭，水击现象也就不断地重复发生。

10.3.2   水击压强的定量观测

水击可在极短的时间内产生很大的压强，就像重锤锤击管道一般，甚至可能造成对管道的破坏。由于水击的作用时间短、升压大，通常需用复杂而昂贵的电测系统作瞬态测量，而本仪器用简便的方法可直接地量测出水击升压值。此法的测压系统是由逆止阀 10、压力室 7 和气压表 5 组成。水击发生阀 9 每一开一闭都产生一次水击升压，由于作用水头、管道特性和阀的开度均相同，故每次水击升压值相同。每当水击波往返一次，都将向压力室 7 内注入一定的水量，因而压力室内的压力着水量的增加而不断累加，一直到其值达到与最大水击压强相等时，逆止阀 10 才打不开，水流也不再注入压力室 7，压力室内的压力也就不再增高。这时，可从连接于压力空腔的气压表 5 测量压力室 7 中的压强，此压强即为水击发生阀 9 关闭时产生的最大水击压强，这一测量原理可用一个日常生活例子来加深理解：如一个用气筒每次以 $3kg/cm^2$ 的压强向轮胎内打气，显然，只有反复多次地打，轮胎内的压强方可达到且只能达到 $3kg/cm^2$。

本实验仪工作水头为 25cm 水柱左右，气压表显示的水击压强值最大可达 300mm 汞柱（408cm 水柱）以上，即达到 16 倍以上的工作水头。表明水击有可能造成工程破坏。

10.3.3   水击的利用——水击扬水原理

水击扬水机由图中的 1，2，3，7，9，10，11，13 等部件组成。水击发生阀 9 每关闭一次，在水击室 11 内就产生一次水击升压，逆止阀 10 随之被瞬时开启，部分高压水被注入压力室 7，当截止阀 6 开启时，压力室的水便经扬水机出水管流向高处。由于水击发生阀 9 的不断运作，水击连续多次发生，水流亦一次一次地不断注入压力室，因而便源源不断地把水提升到高处。这正是水击扬水机的工作原理，本仪器扬水高度为 37cm，即超过恒压供水箱的液面达 1.5 倍的作用水头。

水击扬水虽然能使水流从低处流向高处，但它仍然遵循能量守恒规律。扬水提升的水量仅仅是流过供水管的一部分，另一部分水量通过水击发生阀 9 的阀孔流出了水击室。正是这后一部分水量把自身具有势能（其值等于供水箱液面到水击发生阀 9 出口处的高差），以动量传输的方式，提供了扬水机扬水。由于水击的升压可达几十倍的作用水头，因而若提高扬水机的水泵吸水管 13 的高度，水击扬水机的扬程也可相应提高，但出水量会随着高度的增加而减小。

10.3.4　水击危害的消除

水击有可利用的一面，但更多的是它对工程具有危害性的一面。如水击有可能使输水管爆裂。为了消除水击的危害，常在阀门附近设置减压阀或调压筒（井）、气压室等设施。

实验时全关阀 6、全开阀 3。然后手动控制阀 9 的开与闭。由气压表 5 可见，此时，水击升压最大值约为 120mmHg，其值仅为阀 6 关闭时的峰值的 1/3。这是因为水击波受到调压筒中的液面的反射，传播路径减短，频率加大，加快了减压波返回，因而使水击压强峰值大为降低。表明在流量调节阀门的上游附近设置调压筒（井）等设施能消减水击危害。

10.4　实　验　步　骤

1. 接通电源，打开可调节电源开关，调节水泵转速，使恒压水箱内水面平稳。
2. 关闭调压筒和出水管上的阀门，用手触动水击发生阀，观察水击现象。
3. 打开出水管上的阀门，观察扬水机工作情况。
4. 打开调压筒上的阀门，观察调压筒消除水击的情况。
5. 实验结束，关闭电源。

10.5　思　考　题

根据观察，若提高本实验仪水击扬水机出水口的高度，最大能提高多少？

实验 11   紊动机理演示实验

11.1 实 验 目 的

观察层流、湍流状态，了解湍流运动发生的过程、机理。

11.2 实 验 装 置

紊动机理演示实验装置如图 11-1 所示。

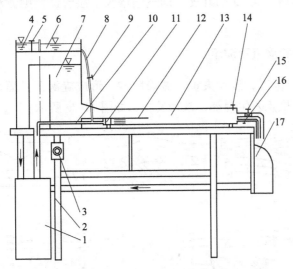

图 11-1 紊动机理演示实验装置图

1—自循环供水器；2—实验台；3—可控硅无级调速器；4—消色用丙种溶液容器；5—调节阀；6—染色用甲种溶液容器；
7—恒压水箱；8—染色液输液管；9—调节阀；10—取水管；11—混合器；12—上下层隔板；13—剪切显示面流道；
14—排气阀；15—出水调节阀；16—分流管与调节阀；17—回水漏斗

11.3 实 验 原 理

工作流体由自循环供水器 1 分两路输出。一路经取水管 10 输入混合器 11，与输液管 8 输出的甲种溶液混合后呈紫红色液体，经整流后从隔板 12 下侧流到剪切显示面流道 13。另一路由水箱 7 稳流后，从隔板 12 的上侧流到显示面流道。适度调节阀 15，使隔板上下两股不同流速的水流形成在其交界面为间断面的汇合流。

调节阀 5，滴下丙种溶液，以保持工作水体处于无色透明状态。通过改变出水调节阀

15、调节阀 16 的开启度，以调节剪切流道上下层流速，从而改变分界面流速差，由于分界面隔板层上下两层流体呈现不同的颜色，所以可演示紊流逐渐形成的过程。

11.3.1 层流演示

操作时：将调节阀 16 全开，下层红色水流从此流出。调节阀 15，使上层无色水流流速与下层流速相接近。目的是使上下层流速大小相近。若界面直线不稳，可适当减小下层流速 u_2，方法是减小调节阀 16 的开度，减小下层水流流速水头，并适当关小调节阀 15，使上下层流速相近。

由于上下层流速相同，界面流速差接近零，实验时显示上层无色液流与下层的红色液流的界面清晰、平稳，呈直线状态即层流。

11.3.2 波动形成与发展演示

调节阀 15，适当增大上层流速 u_1，界面处有明显的速度差如图 11-2a 所示，于是开始发生微小波动。继续增大阀 15 的开度，即逐渐增大上层流速，则波动演示更为明显如图 11-2b 所示。

11.3.3 波动转变为旋涡紊动演示

将阀 15 开到足够大时，波动失稳，波峰翻转，形成旋涡，界面消失，涡体的旋转运动，使得上下层流体质点发生混掺，紊动发生，如图 11-2e 所示。

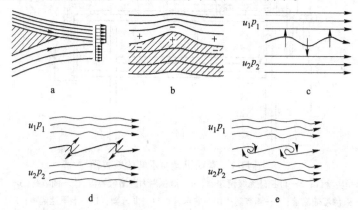

图 11-2 紊动发生示意图

a—上下水流汇合；b—间断面水流调整；c—交界面波动；d—波动失稳；e—波峰翻转，形成漩涡

11.3.4 紊动机理分析

经隔板上下层流道流出的两股水流在隔板末端汇合，如图 11-2a 所示。由于两股水流原来的流速不同，在交界面处流速值有一个跳跃变化，这种交界面称为间断面。越过间断面时流速有突变，其速度梯度为无穷大。根据牛顿内摩擦定律，间断面处的切应力也为无穷大，即

$$\tau = \mu \frac{\Delta u}{\Delta y}$$

(11-1)

若 $\Delta y \rightarrow 0$，则 $\tau \rightarrow \infty$，这是不可能的。实际上间断面两侧水流将重新调整，交界面是不稳定的，对于偶然的波状扰动，交界面就会现出波动，如图 11-2c 所示。在波峰处，上层流体过水断面变小，u_1 变大，根据伯努利方程，压强 p_1 减少；而下层流体则相反，由于过水断面增大而流速 u_2 变小，压强 p_2 增大。于是在波峰处产生下一个指向波峰方向的横向压力，使波峰凸得更凸。在波谷处情况相反，上层压强 p_1 增大，而下层压强 p_2 减小，产生的横向压力使波谷下凹更低。这样整个流程凸段越凸，凹段越凹，波状起伏更加显著，如图 11-2d 所示。最后使间断面破裂，翻滚而形成一个个旋涡，如图 11-2e 所示。以上即是紊动形成的过程。涡体的运动使得上下层流体质点发生混掺，形成紊流。在剪切流动中，即使没有间断面，但有横向流速梯度也会产生旋涡。如在雷诺实验中，当 Re 数达到一定数值后，颜色水线开始抖动，质点发生混掺，也是旋涡产生的一种情况。因此可以这样理解，产生波动和紊动现象的原因是水流中有横向的流速梯度存在，只有在流速梯度足够大时，波动的扰动状态才演变为旋涡发生的紊流状态。

流体的黏滞性对旋涡的产生、存在和发展具有决定性作用。旋涡发生后，涡体中旋转方向与水流同向的一侧速度较大，相反的一侧速度较小。由于流速大，压强小，致使涡体两侧存在一个压差，形成了作用于涡体的升力（或沉力），如图 11-2e 所示。这个升力（或沉力）有使涡体脱离原来的流层而掺入邻近流层的趋势。由于流体的黏性对于涡体的横向运动有抑制作用，只有当促使涡体横向运动的惯性力超过黏滞阻力时，才会产生涡体的混掺。表征惯性力与黏滞阻力的比值是雷诺数。雷诺数小到一定程度（低于临界雷诺数）时，由于黏滞阻力起主导作用，涡体就不能发展和移动，也就不会产生紊流，这就是为什么可以用雷诺数作为流动形态判数的原因。

研究旋涡产生后是继续发展和增强，还是由于黏滞性的阻尼而衰减消失，这个问题称为层流的稳定性问题。旋涡随时间进程而逐渐衰减时层流是稳定的。反之如果旋涡随时间而增强则层流不稳定，最后会发展为紊流。研究层流稳定性问题的目的在于找出各种不同边界中流动的临界雷诺数。

11.4　思　考　题

结合实验演示现象，分析海上起大风时，海面上波浪滔天、水汽掺混的原因。

实验 12　静压传递自动扬水演示实验

12.1　实验目的

1. 通过观察流体静压传递现象，培养观察分析能力，启迪思路；
2. 观察"无动力"条件下，"水往高处喷"的"静压奇观"现象，思考其真正能量源。说明喷水高度与水面落差的因果关系以及整个能量传递过程。

12.2　实验装置

该实验装置由上、下密封压力水箱、扬水喷管、虹吸管和逆止阀等组成，并与水泵、可控硅无级调速器、水泵过热保护器及集水箱等配件固定在一起，其结构如图 12-1 所示。

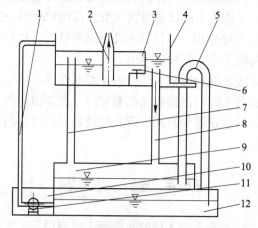

图 12-1　静压传递扬水仪装置图

1—供水管；2—扬水管与喷头；3—上密封压力水箱；4—上集水箱；5—虹吸管；
6—逆止阀；7—通气管；8—下水管；9—下密封压力水箱；10—水泵、电气室；
11—水泵；12—下集水箱

本仪器是利用液体静压传递，通过能量转换自动扬水的教学实验仪器，可进行流体的静压传递特性、"静压奇观"的工作原理及其产生条件、虹吸原理等方面的实验分析、研究，有利于培养学生的实验观察分析能力，提高学习兴趣。

12.3　实验内容

本实验主要是进行观察和分析思考。

具有一定位置势能的上集水箱 4 中的水体经下水管 8 流入下密封压力水箱 9，使水箱 9 中的表面压力增大，并经通气管 7 等压传至上密封压力水箱 3，水箱 3 中的水体在表面压力作用下经过扬水管与喷头 2 喷射到高处。本仪器的喷射高度可达 30cm 以上。当水箱 9 中的水位满顶后，水压继续上升，直至虹吸管 5 工作，使水箱 9 中的水体排入下集水箱 12。由于水箱 9 与水箱 3 中的表面压力同时下降，逆止阀 6 被自动开启，水自水箱 4 流入水箱 3。这时水箱 4 的水位低于下水管 8 的进口，当水箱 9 中的水体排完以后，水箱 4 中的水体在水泵 11 的供给下，亦逐渐满过下水管 8 的进口处，于是，第二次扬水循环接着开始。如此周而复始，形成了自循环式静压传递自动扬水的"静压奇观"现象。

供水泵的作用仅仅是补给水箱 4 的耗水，在扬水发生时，即使关闭水泵，扬水过程仍然继续，直至虹吸发生。实验中需要强调说明以下几点。

12.3.1　"静压奇观"不是"永动机"

世界上没有也不可能有永动机，那么水怎么能自动流向高处呢？它做功所需的能量来自何处？这是因部分水体从高处水箱 4 落到低处水箱 9，它的势能传递给了水箱 3 中的水体，因而使其获得了能量。经能量转换，由势能转换成动能，才能喷向高处。从总能量来看，在静压传递过程中，只有损耗，没有再生。因此"静压奇观"的现象，实际上是一个能量传递与转换的过程。

12.3.2　喷水高度与落差关系

水箱 4 与水箱 9 的落差越大，则水箱 9 与 3 中的表面压力越大，喷水高度也越高。利用本装置原理，可以设计具有实用性的提水设施，它可把半山腰的水源送到山顶。这种提水装置的优点是无传动部件，经济、实用。

12.3.3　虹吸现象与产生条件

本仪器虹吸管相当于一个带有自动阀门的旁通管。当水箱 9 没有满顶时，由于水流自水箱 4 进入水箱 9 时，部分压能转换成了动能，并被耗损，虹吸管中水位较低（未满管），不可能流动。而当水箱 9 满顶后，动能减小，损耗降低。当水箱 4 中的水位超过虹吸管顶时，必然导致虹吸管满管出流，虹吸管工作之后，水箱 9 中的表面压力很快降到大气压力，这时虹吸管仍能连续出水，直至水箱 9 中水体排光，这是因为具备了虹吸管的出口水位低于水箱 9 中的水位这一工作条件。

12.4　思　考　题

1. "静压奇观"中水柱上喷的能量来自何处？试述能量传递过程。
2. 试述虹吸现象产生的条件。
3. 说明喷水高度与水面落差的因果关系。

72

实验 13　自循环虹吸原理演示实验

13.1　实验目的

1. 观察虹吸现象，说明虹吸产生的原理和条件；
2. 观察虹吸管中各点的压力及变化规律，说明促成虹吸发生的主要原因和条件。

13.2　实验装置

本实验仪由虹吸管、高低位水箱、测压机、弯管流量计、水泵、可控硅无级调速器及虹吸管自动抽气装置等部件组合而成（图 13-1）。具体如下：

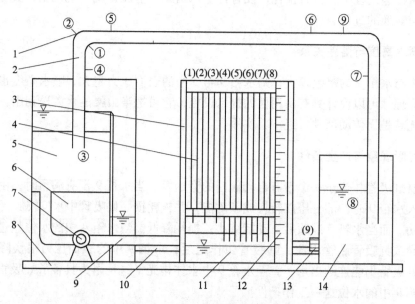

图 13-1　循环虹吸原理实验仪

1—测点（①~⑨）；2—虹吸管；3—测压计；4—测压管（(1)~(9)）；5—高位水箱；6—调速器；
7—水泵；8—底座；9—吸水管；10—溢水管；11—测压计水箱；12—滑尺；
13—抽气阀；14—低位水箱

1. 自循环供水系统，由水泵、可控硅无级调速器、水泵过热保护器、高低位水箱等部件组成。调速器可调无级调速器的转速、改变流量、省掉阀门。热保护器能在水泵过热，达（70+5）℃以上时，能自动切断电源。

2. 虹吸管，由透明有机玻璃制成，测压点标号如图所示，点①、②兼作弯管流量计测点，点⑨与真空抽气阀 13 相连，各测点分别与测压计上同标号的测压管相连通。

3. 弯管流量计，由测点①、②和测压管（1）、（2）组成，附有 $Q\text{-}\Delta h$ 关系曲线。实验时用滑尺测得管（1）、（2）的水柱高差，由曲线可确定流量。

4. 虹吸管自动抽气装置，由测压管（9）、连通管、抽气阀等组成，它能在水泵打开以后将虹吸管中的空气抽掉，使虹吸管过流。

5. 测压计，全由有机玻璃制作而成，在负压测点，设置倒立式的测压管，用以测定真空度。测压计小水箱中盛有淡红色水，用以显示真空度，正压测点，设置正立式的测压管，用不同颜色水显示其测压管高度。

13.3　实　验　内　容

本实验仪可进行虹吸原理、伯努利方程及虹吸阀原理等教学实验。实验指导提要如下所述。

13.3.1　虹吸管工作原理

遵循能量的转换及其守恒定律

$$z_1 + \frac{p_1}{\gamma} + \frac{v_1^2}{2g} = z_2 + \frac{p_2}{\gamma} + \frac{v_2^2}{2g} + h_{w(1\text{-}2)}$$

在实验中沿流动观察可知，水的位能、压能、动能三者之间的互相转换明显，这是虹吸管的特征。例如水流自测点③流到测点④，其 $\frac{p_3}{\gamma} > 0$，在流动中部分压能转换成动能和点④的位能，结果点④出现了真空 $\left(\frac{p_4}{\gamma} < 0\right)$。又根据弯管流量计测读出的流量，可分别算出点③、④的总能量 E_3 和 E_4，且明显有 $E_3 > E_4$，表明流动中有水头损失存在。类似地，水自点⑥流到点⑦、⑧的过程中，又明显出现位能向压能的转换现象。

13.3.2　虹吸管的启动

虹吸管在启用前由于有空气，水不连续就不能工作，为此在启用时必须把虹吸管中的空气抽出。本仪器通过测孔⑨自动抽气，因虹吸管透明，启动过程清晰可见。本实验有两点值得注意：一是测孔⑨应设在高管段末端；二是虹吸管的最大吸出高度不得超过 10m，为安全计，一般应小于 6~7m。

13.3.3　真空度的沿程变化

由显示可知真空度沿流逐渐增大，到测点⑥附近，真空度最大，此后，由于位能转化为压能，真空度又逐渐减小。

13.3.4　测管水头沿程变化

本虹吸仪所显示的测压管的水柱高度不全是测压管水头，也不全是测压管高度。所谓测压管水头是指 $z + \frac{p}{\gamma}$，而测压管高度是指 $\frac{p}{\gamma}$。本实验中所显示的测管（1）、（2）、（3）

和（8）的标尺读数，若基准面选在标尺零点上，则都是测压管水头。而测压管（4）~（7）的液柱高差，代表相应测点的位置高度差与相应断面间的水头损失之代数和。

如④、⑤两点的测管液柱高度差值为 $\dfrac{-p_5}{\gamma} - \dfrac{-p_4}{\gamma}$，由能量方程可知，$\dfrac{-p_5}{\gamma} - \dfrac{-p_4}{\gamma} = (z_5 - z_4) + h_{w(1-2)}$。因总水头 $\left(z + \dfrac{p}{\gamma} + \dfrac{v^2}{2g}\right)$ 沿流程恒减，而 $\dfrac{v^2}{2g}$ 在虹吸管中沿流程不变，故测压管水头 $\left(z + \dfrac{p}{\gamma}\right)$ 沿流程亦逐渐减小。

13.3.5 急变流断面的测压管水头变化

均匀断面上动水压力按静水压力规律分布，急变流断面则不然。例如在弯管急变流断面上的测点①、②，其相应测管有明显高差，且流量越大，高差也越大。这是由于急变流截面上，质量力除重力外，还有离心惯性力。因此，急变流断面不能选作能量方程的计算断面。

13.3.6 弯管流量计工作原理

弯管流量计是利用弯管急变流断面内外侧的压力差随流量变化极为敏感的特性，选用弯管作流量计使用。使用前，需先率定，绘制 Q-Δh 曲线（本仪器已提供），实验时只要测得 Δh 值，由曲线便可查得流量。

13.3.7 虹吸阀工作原理

虹吸阀是由虹吸管、真空破坏阀和真空泵三部分组成，本虹吸仪中分别用图 13-1 中所示虹吸管 2、抽气孔（9）和抽气阀 13 代替。虹吸阀门直接利用虹吸管的原理工作，当虹吸管中气体抽除后，虹吸阀全开，当孔（9）打开（拔掉软塑管）时，破坏了真空，虹吸管瞬即充气，虹吸阀全关。扬州江都抽水站就利用了此类虹吸阀。

13.4 思 考 题

1. 促成虹吸发生的条件是什么？
2. 理想情况下，虹吸管进水侧的高度最大可达多少？
3. 说明自动抽气原理。
4. 定性说明各管段中的压力变化。

第三部分 进阶实验

实验 14　孔口与管嘴出流实验

14.1　实　验　目　的

1. 量测孔口与管嘴出流的流速系数、流量系数、侧收缩系数局部阻力系数及圆柱形管嘴内的局部真空度。

2. 分析圆柱形管嘴的进口形状（圆角和直角）对出流能力的影响及孔口与管嘴过流能力不同的原因。

14.2　实　验　装　置

孔口与管嘴出流实验装置如图 14-1 所示。

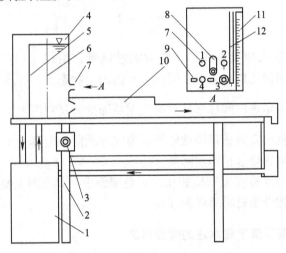

图 14-1　孔口与管嘴出流实验装置图

1—自循环供水器；2—实验台；3—可控硅无级调速器；4—恒压水箱；5—溢流板；6—稳水孔板；
7—孔口管嘴；8—防溅旋板；9—测量孔口射流收缩直径移动触头；10—上回水槽；11—标尺；12—测压管

14.3　实　验　原　理

在恒压水头下发生自由出流时孔口、管嘴（见图 14-2）的有关公式为

流量计算
$$Q = \varphi \varepsilon A \sqrt{2gH_0} = \mu A \sqrt{2gH_0} \qquad (14\text{-}1)$$

式中，$H_0 = H + \dfrac{\alpha v^2}{2g}$，一般因行近流速水头 $\dfrac{\alpha v^2}{2g}$ 很小可忽略不计，所以 $H_0 = H$。

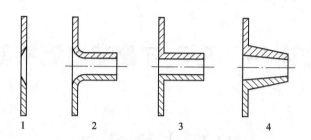

图 14-2　孔口、管嘴结构剖面图

1—孔口；2—圆角进口管嘴；3—直角进口管嘴；4—锥形管嘴

流量系数
$$\mu = \frac{Q}{A\sqrt{2gH_0}} \tag{14-2}$$

收缩系数
$$\varepsilon = \frac{A_c}{A} = \frac{d_c^2}{d^2} \tag{14-3}$$

流速系数
$$\varphi = \frac{v_c}{\sqrt{2gH_0}} = \frac{\mu}{\varepsilon} = \frac{1}{\sqrt{1+\zeta}} \tag{14-4}$$

阻力系数
$$\zeta = \frac{1}{\varphi^2} - 1 \tag{14-5}$$

实验测得上游恒压水位及各孔口、管嘴的过流量，用式（14-1）~式（14-5）表示，从而得出不同形状断面的孔口、管嘴在恒压、自由出流状态下的各水力系数。

根据理论分析，直角进口圆柱形外管嘴收缩断面处的真空度为 $h_v = \dfrac{\rho v}{\rho g} = 0.75H$。

本实验装置可实测出直角进口圆柱形外管嘴收缩断面处的真空度，打开直角进口管嘴射流，即可观测到，测管处水柱迅速降低，$h_v = (0.6 \sim 0.7)H_0$。说明直角进口管嘴在进口处产生较大真空。但与经验值 $0.75H_0$ 相比，真空度偏小，其原因主要是有机玻璃材料的直角进口锐缘难以达到像金属材料那样的强度。

14.3.1　观察孔口及各管嘴出流水柱的流股形态

打开各孔口管嘴，使其出流，观察各孔口及管嘴水流的流股形态，因各种孔口、管嘴的形状不同，过流阻力也不同，从而导致各孔口管嘴出流的流股形态也不同：圆角管嘴出流水柱为光滑圆柱，直角管嘴为圆柱形麻花状扭变，圆锥管嘴为光滑圆柱，孔口则为具有侧收缩的光滑圆柱。

圆锥管嘴虽亦属直角进口，但因进口直径渐小，不易产生分离，其侧收缩断面面积接近出口面积（μ 值以出口面积计），故侧收缩并不明显影响过流能力。另外，从流股形态看，横向脉动亦不明显，说明渐缩管对流态有稳定作用（工程或实验中，为了提高工作段水流的稳定性，往往在工作段前加一渐缩段，正是利用渐缩的这一水力特性）。能量损失小，因此其 μ 值与圆角管嘴相近。

14.3.2　观察孔口出流在$\frac{d}{H}>0.1$时与在$\frac{d}{H}<0.1$时侧收缩情况

开大流量，使上游水位升高，使$\frac{d}{H}<0.1$，测量相应状况下收缩断面直径d_c；再关小流量，上游水头降低，使$\frac{d}{H}>0.1$，测量此时的收缩断面直径d'_c的值，可发现当$\frac{d}{H}>0.1$时，d'_c增大，并接近于孔径d，这叫作不完全收缩，此时由实验测知，μ也增大，可达0.7左右。

14.4　实验步骤

1. 记录实验常数，各孔口管嘴用橡皮塞塞紧。

2. 打开水泵开关，使恒压水箱充水，至溢流后，再打开圆柱形管嘴（先旋转旋板挡住管嘴，然后拔掉橡皮塞，最后旋开旋板），待水面稳定后，测定水箱水面高程标尺读数，用体积法或数显流量计（两种方法皆可）测定流量，测量完毕，先旋转水箱内的旋板，将管嘴进口盖好，再塞紧橡皮塞。

3. 打开圆锥形管嘴，测记恒压水箱水面高程标尺读数及流量，观察和量测圆柱形管嘴出流时的真空情况。

4. 打开孔口，观察孔口出流现象，测量水面高程标尺读数及孔口出流流量，测记孔口收缩断面的直径（重复测量3次）。改变孔口出流的作用水头（可减少进口流量），观察孔口收缩断面的直径随水头变化的情况。

测量孔口收缩断面直径的方法：用孔口两边的移动触头。先松动螺丝，移动一边触头将其与水股切向接触，并旋紧螺丝，再移动另一边触头，使其与水股切向接触，并旋紧螺丝。再将旋板开关以顺时针方向关上孔口，用卡尺测量触头间距，即为射流直径。实验时将旋板置于不工作的孔口或管嘴上，尽量减少旋板对工作孔口、管嘴的干扰。

5. 关闭水泵，清理实验桌面及场地。

14.5　注意事项

1. 实验顺序为先管嘴后孔口，每次塞橡皮塞前，先用旋板将进口盖好，以免水花溅开；关闭孔口时旋板的旋转方向为顺时针，否则水易溅出。

2. 实验时将旋板置于不工作的管嘴上，避免旋板对工作孔口、管嘴的干扰。不工作的孔口、管嘴应用橡皮塞塞紧，防止渗水。

14.6　实验分析及思考

实验数据及分析（见表14-1）：

（1）实验设备名称：_____，实验台编号：_____，实验日期：_____。

（2）孔口管嘴直径及高程：圆角管嘴$d_1 = $_____$\times 10^{-2}$m，直角管嘴$d_1 = $_____$\times$

10^{-2}m，出口高程 $z_1 = z_2 =$ _____ $\times 10^{-2}$m。锥形管嘴 $d_3 =$ _____ $\times 10^{-2}$m，孔口 $d_4 =$ _____ $\times 10^{-2}$m，出口高程 $z_3 = z_4 =$ _____ $\times 10^{-2}$m。

表 14-1 孔口管嘴实验记录及计算表

项目 \ 分类	直角进口形管嘴			圆角进口形管嘴			圆锥形管嘴			孔口		
水箱液位 H/cm												
体积 V/cm^3												
时间 t/s												
流量 Q'/cm$^3 \cdot$ s^{-1}												
平均流量/cm$^3 \cdot$ s^{-1}												
作业水头 H_0/cm												
面积 A/m^2												
流量系数 μ												
测压管读数 h/m												
真空度 h_v/m												
收缩直径 d_c/m												
收缩断面 A_c/m												
收缩系数 ε												
流速系数 φ												
阻力系数 ζ												

14.7 实验讨论及思考

结合观察不同类型管嘴与孔口出流的流股特征，分析流量系数不同的原因及增大过流能力的途径。

实验 15　堰　流　实　验

15.1　实　验　目　的

1. 观察不同 $\dfrac{\delta}{H}$ 的有坎、无坎宽顶堰或实用堰的水流现象,以及下游水位变化对宽顶堰过流能力的影响。

2. 掌握测量堰流流量因数 m 的实验技能,并测定无侧收缩宽顶堰的 m 值。

15.2　实　验　装　置

堰流实验装置如图 15-1 所示。

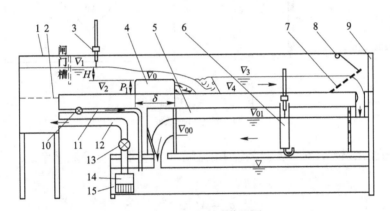

图 15-1　堰流实验装置图

1—有机玻璃实验水槽;2—稳水孔板;3—可移动水位测针;4—实验堰;5—三角堰量水槽;
6—三角堰水位测针与测针筒;7—多孔尾门;8—尾门升降轮;9—支架;10—旁通管微调阀门;
11—旁通管;12—供水管;13—供水流量调节阀门;14—水泵;15—蓄水箱

15.2.1　水位测量——水位测针

水位测针结构如图 15-2 所示,测针杆是可以上下移动的标尺杆,测量时固定在支架套筒中,套筒上附有游标,测量读数类似游标卡尺,精度一般为 0.1mm。测针杆尖端为与水面接触点,测量过程中,不宜松动支座或旋动测针。在测量时,测针尖应自上而下逐渐接近水面,当水位略有波动时,可多次测量取平均值。测量恒定水位时,测针可直接安装,如图 1 中可移动水位测针 3,也可通过测针筒间接安装,如三角堰水位测针与测针筒 6。堰上下游与三角堰量水槽水位分别用测针 3 与 6 量测。移动测针 3 可在槽顶导轨上移动，导轨的纵向水平度在安装调试后应不大于±0.15mm。

15.2.2　明渠流量测量——堰

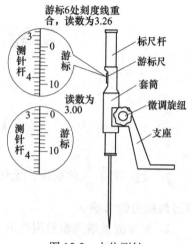

图 15-2　水位测针

明渠流为无压流动，实验室中通常用薄壁堰测量流量。小流量（$q_v < 0.1\text{m}^3/\text{s}$）采用三角形薄壁堰，大流量则用矩形薄壁堰。由于堰的造价低，使用简单、直观、精度保证，在明渠流中使用十分广泛。本实验采用直角三角形薄壁堰。

直角三角形薄壁堰如图 15-3 所示。它的流量计算公式常用下列汤普森（Thompson）经验公式

$$q_v = 1.4H^{5/2}(\text{m}^3/\text{s}) \tag{15-1}$$

式中，H 单位以 m 计，适用范围 $0.05\text{m} < H < 0.25\text{m}$，$P \geqslant 2H, B \geqslant (3 \sim 4)H$ 测量位置在堰上游 $(3 \sim 5)H$ 处。

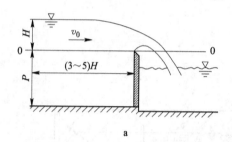
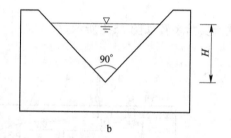

图 15-3　三角形薄壁堰
a—堰流；b—堰板

为消除堰加工误差，对本实验装置中的三角形薄壁堰进行了流量率定，采用以下公式计算

$$q_v = A(\Delta h)^B \tag{15-2}$$

$$\Delta h = \nabla_{01} - \nabla_{00} \tag{15-3}$$

式中　∇_{01}，∇_{00}——三角堰堰顶水位（实测）和堰顶高程（实验时为常数）；

A，B——率定常数，直接标明于设备铭牌上。

15.2.3　堰、闸模型

本实验槽中可换装各种堰、闸模型。通过更换不同堰体，可演示各种堰流现象及其下游水面衔接形式。包括有侧收缩无坎及其他各种常见宽顶堰流、底流、挑流、面流和戽流等现象。此外，还可演示平板闸下出流、薄壁堰流。读者在完成规定的实验项目外，可任选其中一种或几种做实验观察，以拓宽感性知识面。

15.3　实　验　原　理

15.3.1　堰的分类

根据堰墙厚度或顶长 δ 与堰上水头 H 的比值不同而分成三种：薄壁堰 $\left(\dfrac{\delta}{H} < 0.67\right)$；实用堰 $\left(0.67 < \dfrac{\delta}{H} < 2.5\right)$；宽顶堰 $\left(2.5 < \dfrac{\delta}{H} < 10\right)$。

实验时，需检验 $\dfrac{\delta}{H}$ 是否在实验堰的相应范围内。

15.3.2　堰流流量公式

自由出流　　　　　　　　　　$q_v = mb\sqrt{2g}\,H_0^{3/2}$　　　　　　　　　　（15-4）

淹没出流　　　　　　　　　　$q_v = \sigma_s mb\sqrt{2g}\,H_0^{3/2}$　　　　　　　　（15-5）

由自由出流流量公式知，只要测定 q_v，H_0，则可得出堰流流量因数 m 值。

15.3.3　堰流流量系数经验公式

1. 圆角进口宽顶堰

$$m = 0.36 + 0.01\frac{3 - \dfrac{P_1}{H}}{1.2 + \dfrac{1.5P_1}{H}}\ （当\frac{P_1}{H} \geqslant 3\ 时, m = 0.36）\qquad（15-6）$$

式中　P_1——上游堰高；

　　　H——堰上作用水头。

2. 直角进口宽顶堰

$$m = 0.32 + 0.01\frac{3 - \dfrac{P_1}{H}}{0.46 + \dfrac{0.75P_1}{H}}\ （\frac{P_1}{H} \geqslant 3\ 时, m = 0.32）\qquad（15-7）$$

15.3.4　堰上总作用水头

本实验需测记渠宽 b，上游渠底高程 ∇_2、堰顶高程 ∇_0、宽顶堰厚度 δ、流量 q_v 及上游水位 ∇_1。进而按下列各式计算确定上游堰高 P_1、行近流速 v_0、堰上作用水头 H 和总作用水头 H_0。

$$P_1 = \nabla_0 - \nabla_2 \qquad（15-8）$$

$$v_0 = \frac{q_v}{b(\nabla_1 - \nabla_2)} \qquad（15-9）$$

$$H = \nabla_1 - \nabla_0 \tag{15-10}$$

$$H_0 = H + \frac{\alpha v_0^2}{2g} \tag{15-11}$$

15.4　实 验 内 容

15.4.1　薄壁堰演示

三角形薄壁堰安装于三角堰量水槽 5 的首部,用于测量小流量。

矩形薄壁堰用于测量较大流量。实验演示可观察水舌的形态,从中了解曲线型实用堰的堰面曲线形状。观察水舌形状时应使水舌下方与大气相通。根据水舌的形状不难理解,如果所设计的堰面低于水舌下缘曲线,堰面就会出现负压,故此类堰称真空堰。真空堰能提高流量因数,但堰面易遭空蚀破坏。若堰面稍突入水舌下缘曲线,堰面受到正压,故称非真空实用堰。因流量不同,水舌形状不同,因而所谓真空堰或非真空堰,都是相对一定流量而言的。WES 堰在设计水头作用下为非真空堰。

15.4.2　WES 曲线型实用堰演示

如图 15-4 所示,当下游水位较低时,过堰水流在堰面上形成急流,沿流程高度降低,流速增大,水深减小,在堰脚附近断面水深最小(h_c),流速最大。该断面称为堰下游的收缩断面。在收缩断面后的平坡渠道上,形成 H_3 水面曲线,并通过水跃与尾门前的缓流相衔接。

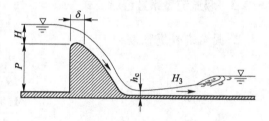

图 15-4　WES 堰流水面形态

15.4.3　宽顶堰演示

本实验装置配有无坎、直角进口和圆角进口三种宽顶堰模型,可供不同教学要求选用。

1. 宽顶堰。调节流量使过流符合宽顶堰条件 $2.5 < \dfrac{\delta}{H} < 10$。当 $4 < \dfrac{\delta}{H} < 10$ 时,如图 15-5 所示,为宽顶堰堰流的典型形态。当 $2.5 < \dfrac{\delta}{H} < 4$ 时,堰顶只有一次跌落,且无收缩断面。若 $\dfrac{\delta}{H} > 10$,由于堰顶水流的沿程损失,对过水能力有明显影响,不能忽略,这属于明渠范畴了。

宽顶堰出流又分自由出流和淹没出流两种流态:若下游水位不影响堰的过流能力,称为自由出流;在流量不变条件下,若上游水位受下游水位顶托而抬升,这时下游水位已影响堰的过流能力,称为淹没出流。判别淹没出流的条件是 $\dfrac{h_s}{H_0} \geqslant 0.8$。$h_s$ 为下游水位超过堰

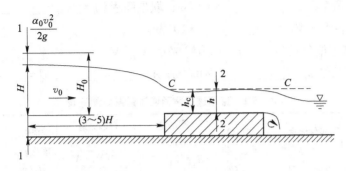

图 15-5　宽顶堰水面形态

顶的高度。可调节尾门改变尾水位高度，以形成自由出流或淹没出流实验流态。

2. 无坎宽顶堰。俯视图如图 15-6 所示。两侧模型分别被浸湿了的吸盘紧紧吸附于有机玻璃槽壁上。由于侧收缩的影响，在一定的流量范围内水流呈现两次跌落的形态，如图 15-7 所示，与宽顶堰形态相似。工程中平底河道的闸墩、桥墩的流动均属此种堰型。

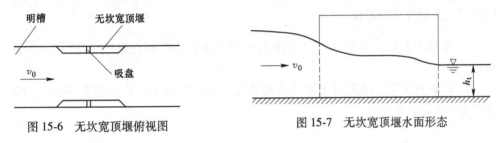

图 15-6　无坎宽顶堰俯视图

图 15-7　无坎宽顶堰水面形态

15.5　实　验　步　骤

1. 安装堰模型，根据实验要求，可任意选择直角进口宽顶堰、圆角进口宽顶堰、WES 型标准剖面实用堰、矩形薄壁堰、无坎宽顶堰中的一种，安装在明槽内的相应位置。

2. 启动、流量调节与测量：插上电源，大流量用阀 13 调节，流量微调用阀 10 调节。流量用三角堰量水槽 5 与三角堰水位测针 6 测量。

3. 水位调节与测量。尾水位用尾门 7 和升降轮 8 调节，上、下游水位及槽底、堰顶高程用移动测针 3 测量。上游水位 ∇_1 应在 $(3\sim5)H$ 附近处测量。

15.6　实验分析及思考

15.6.1　实验数据及分析

直角进口宽顶堰流量系数测记表如表 15-1 所示。

（1）实验设备名称：_____，实验台号：_____，实验者：_____，实验日期：_____。

（2）渠宽 $b=$ _____ $\times10^{-2}$ m；宽顶堰厚度 $\delta=$ _____ $\times10^{-2}$ m；

上游渠底高程 $\nabla_2 =$ _____ $\times 10^{-2}$ m；堰顶高程 $\nabla_0 =$ _____ $\times 10^{-2}$ m；

上游堰高 $P_1 = \nabla_0 - \nabla_2 =$ _____ $\times 10^{-2}$ m。

（3）三角堰流量公式为 $\qquad q_v = A(\Delta h)^B \quad \Delta h = \nabla_{01} - \nabla_{00}$

式中，三角堰顶高程 $\nabla_{00} =$ _____ $\times 10^{-2}$ m；$A =$ _____；$B =$ _____。

表 15-1 直角进口宽顶堰流量系数测记表

实验次数	三角堰堰上水位 ∇_{01}/cm	实测流量 $q = A(\Delta h)^B$ /cm$^3 \cdot$s^{-1}	宽顶堰堰上水位 ∇_1/cm	宽顶堰堰顶水头 $H = \nabla_1 - \nabla_0$ /cm	行近流速 $v_0 = \dfrac{q}{b(\nabla_1 - \nabla_2)}$ /cm$\cdot$s^{-1}	宽顶堰堰顶总水头 H_0/cm	流量系数 m	
							实测值	经验值
1								
2								
3								

注：三角堰公式中流量的单位：（cm^3/s），Δh（cm）。

15.6.2 实验分析与讨论

1. 量测堰上水头 H 值时，堰上游水位测针读数为何要在堰壁上游（3～5）H 附近处测读？

2. 有哪些因素影响实测流量因数的精度？如果行近流速水头略去不计，对实验结果会产生多大影响？

实验 16　液体相对平衡实验

16.1　实　验　目　的

1. 观察等角速度旋转容器中液体的相对平衡规律，测定转速和液面超高，验证二者之间的理论关系。

2. 测定液面曲线，验证理论的自由液面方程。

16.2　实　验　装　置

液体相对平衡实验装置如图 16-1 所示。

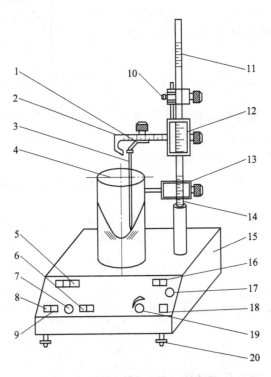

图 16-1　液体相对平衡实验装置图

1—游标框架；2—横坐标主尺；3—测针；4—圆形容器；5—转速显示器；6—时速显示器；

7—清零按钮；8—自动键；9—手动键；10—启动螺母；11—纵坐标主尺；12—纵向游标框架；

13—指针框架；14—指针；15—机座；16—指示灯；17—电源插座；

18—电源按钮；19—调速按钮；20—调平螺钉

16.3　实　验　原　理

流体平衡时服从欧拉平衡微分方程式：

$$X = \frac{1}{\rho}\frac{\partial p}{\partial x}$$

$$Y = \frac{1}{\rho}\frac{\partial p}{\partial y} \tag{16-1}$$

$$Z = \frac{1}{\rho}\frac{\partial p}{\partial z}$$

式中　X，Y，Z——单位质量液体的质量力；

　　　　p——液体中的点压强。

如图 16-2 所示，对等角速度 ω 旋转的流体而言，$X = \omega^2 x$，$Y = \omega^2 y$，$Z = -g$ 代入式（16-1），并且按其次序分别乘以 $\mathrm{d}x$，$\mathrm{d}y$ 和 $\mathrm{d}z$ 后相加，可得：

$$\mathrm{d}p = \rho(\omega^2 x\mathrm{d}x + \omega^2 y\mathrm{d}y - g\mathrm{d}z) \tag{16-2}$$

式（16-2）积分得流体中的压强分布如下：

$$p = \rho\left(\frac{1}{2}\omega^2 r^2 - gz\right) + C \tag{16-3}$$

式（16-3）表明，等角速旋转相对平衡液体中的压强在同一水平面内作抛物面分布。换言之，等压面为抛物面。设自由面上 $p=0$，令 $r=0$，$z=z_\mathrm{j}=0$，积分常数 $C=gz_\mathrm{min}$，可见，自由液面方程为

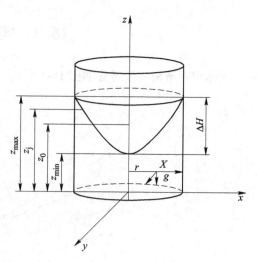

图 16-2　欧拉平衡微分方程式示意图

$$z = \frac{\omega^2 r^2}{2g} + z_\mathrm{min} \tag{16-4}$$

或

$$\Delta z = z - z\frac{\omega^2 r^2}{2g_\mathrm{min}} \tag{16-5}$$

Δz 称为自由液面超高。最大超高为

$$\Delta H = \frac{\omega^2 R^2}{2g} \tag{16-6}$$

式中，$\omega = \frac{2\pi n}{60}$，$n$ 为容器每分钟转速；R 为容器半径。

根据液体不可压缩条件可以证明：

$$\Delta H = 2\left| z_0 - z_\mathrm{min} \right| \tag{16-6}$$

一般可测定 z_min 和 z_0（静止液面水位，一般是 200mm）计算 ΔH，并按式（16-7）计算出 n，与实测转速 n' 相比较，可得出相对误差值。

$$n = \frac{60\sqrt{2g}}{2\pi R}\sqrt{\Delta H} \tag{16-7}$$

16.4 实 验 步 骤

1. 调平仪器，接通电源，选择取样时间（一般用秒计）。

2. 检测容器水量，用测针准确测量水位，测针在纵坐标主尺上读出 z_0。

3. 按电钮，调节至一个较低的转速，待测速器读数稳定后（约 2min），测得（即显示器显示）的转速 n' 和用测针在 $r_i = 0$ 处接触水面时的读数值 z_{min}。

4. 逐渐增大转速，并逐次测得 n' 和相应的 z_{min}，测量 5~8 组数据，计算 ΔH 和 n，比较 n 和 n'，用以验证 n 和 ΔH 的关系。

5. 选取一定转速下的一个典型抛物面，进行水面曲线测定。沿横坐标移动测针，从 $r_i = 0$ 到 $r_i = R$，分若干测点，读取每个测点的横坐标 r_i 和相应的纵坐标值 z_i。

6. 根据式（16-4）计算理论自由面的纵坐标 z，进行比较，或将理论自由面曲线画入坐标图中，再将测算的点 z_i 绘于图上做比较。

16.5 实验注意事项

1. 按开电钮不宜太重以免损坏仪器。

2. 转速不能太慢或过快，太慢不易测出，过快筒中液体外溢。

3. 读数力求精确，注意用电安全。

4. 实验完成后，切断电源，使仪器恢复原状。

实验 17　动量方程实验

17.1　实 验 目 的

1. 测定水的射流对平板的冲击力，测得动量修正系数，进而验证不可压缩流体恒定总流的动量方程。

2. 了解活塞式动量定律实验原理、构造，启发创新思维。

17.2　实 验 装 置

动量方程实验装置如图 17-1 所示。

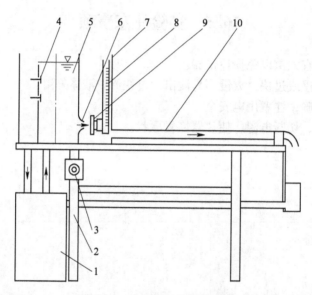

图 17-1　动量方程实验装置图

1—自循环供水器；2—实验台；3—可控硅无级调速器；4—水位调节阀；5—恒压水箱；
6—管嘴；7—集水箱；8—带活塞的测压管；9—带活塞和翼片的抗冲平板；10—上回水管

17.3　实 验 原 理

自循环供水装置 1 由离心式水泵和蓄水箱组合而成。水泵的开启、流量大小的调节均由调速器 3 控制。水流经供水管供给恒压水箱 5，溢流水经回水管流回蓄水箱。流经管嘴 6 的水流形成射流，冲击带活塞和翼片的抗冲平板 9，以与入射角成 90° 的方向离开抗冲平板。抗冲平板在射流冲力和测压管 8 中的水压力作用下处于平衡状态。活塞形心处水深 h_c 可由测压管 8 测得，由此可求得射流的冲力，即动量力 F。冲击后的弃水经集水箱 7 汇集后，再经上回水管 10 流出，最后经漏斗和下回水管流回蓄水箱。

　　本活塞式动量定律实验仪改变了传统加重物的测量方法，而代之以作用于活塞上的水压力来抗衡射流对平板冲击所产生的动量力，将动量力的测量转换为流体内点压强的测量。它还具有能使水压力自动与动量力相平衡以及有效消除活塞滑动摩擦力的特殊结构。

　　为了自动调节测压管内的水位，使带活塞的平板受力平衡并减小摩擦阻力对活塞的影响，本实验装置应用了自动控制的反馈原理和动摩擦减阻技术，其构造及受力情况如图 17-2 和图 17-3 所示。

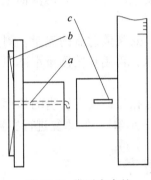

图 17-2　带活塞套的

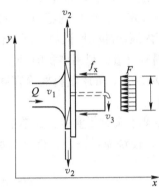

图 17-3　活塞脱离体

　　图 17-1 中，带活塞和翼片的抗冲平板 9 和带活塞套的测压管 8，如图 17-2 所示，该图是活塞退出活塞套时的分部件示意图。活塞中心设有一细导水管 a，进口端位于平板中心，出口端伸出活塞头部，出口方向与轴向垂直。在平板上设有翼片 b，活塞套上设有窄槽 c。

　　恒定总流动量方程为

$$F = \rho Q(\beta_2 v_2 - \beta_1 v_1) \tag{17-1}$$

　　取脱离体如图 17-3 所示，因滑动摩擦阻力水平分力 $F_f < 0.5\% F_x$，可忽略不计，故 x 方向的动量方程可化为

$$F_x = -p_c A = -\rho g h_c \frac{\pi}{4} D^2 = \rho Q(0 - \beta_1 v_{1x}) \tag{17-2}$$

即

$$\beta_1 \rho Q v_{1x} - \frac{\pi}{4} \rho g h_c D^2 = 0 \tag{17-3}$$

式中　h_c——作用在活塞形心处的水深，10^{-2} m；

　　　　D——活塞的直径，10^{-2} m；

　　　　Q——射流的流量，10^{-6} m^3/s；

　　　　v_{1x}——射流的速度，10^{-2} m/s；

　　　　β_1——动量修正系数。

　　实验中，在平衡状态下，只要测得流量 Q 和活塞形心水深 h_c，由给定的管嘴直径 d 和活塞直径 D，代入式（17-2），便可验证动量方程，并率定射流的动量修正系数 β_1 值。其中，测压管的标尺零点已固定在活塞圆心处，因此液面标尺读数，即为作用在活塞圆心处水深。

17.4   实 验 步 骤

1. 准备：检查自循环系统供电电源、供水箱水位，熟悉实验装置各部分名称、结构特征、作用性能，记录有关常数。

2. 开启水泵：打开调速器开关，水泵启动 2~3min 后，短暂关闭 2~3s，利用回水排除离心式水泵内滞留的空气。

3. 调整测压管位置：待恒压水箱满顶溢流后，松开测压管固定螺丝，调整方位，要求测压管垂直、螺丝对准十字中心，使活塞转动松快。然后旋转螺丝固定好。

4. 测读水位：标尺的零点已固定在活塞圆心的高度上。当测压管内液面稳定后，记下测压管内液面的标尺读数，即 h 值。

5. 测量流量：利用体积时间法，在上回水管的出口处测量射流的流量，测量时间要求 15~20s 以上。可用塑料桶等容器，通过活动漏斗接水，再用量筒测量水体积（亦可重量法测量）。

6. 改变水头重复实验：逐次打开不同高度上的溢水孔盖，改变管嘴的作用水头。调节调速器，使溢流量适中，待水头稳定后，按步骤（3）~步骤（5）重复进行实验。

17.5   实验分析及思考

17.5.1   实验数据及分析

记录有关常数（见表 17-1）：

（1）实验台号：_____。

（2）管嘴内径 $d=$ _____$\times 10^{-2}$m，活塞直径 $D=$ _____$\times 10^{-2}$m。

表 17-1   测量记录表及计算表

测次	体积 V/cm^3	时间 T/s	管嘴作用水头 H_0/cm	活塞作用水头 h_c/cm	流量 Q /cm^3·s^{-1}	流量 v /cm·s^{-1}	动量修正系数 β_1
1							
2							
3							
4							
5							
6							

17.5.2   实验分析及讨论

实测平均值 β 与公认值（$\beta=1.02~1.05$）是否符合？试分析原因。

实验 18　达西渗流实验

18.1　实　验　目　的

1. 测量样砂的渗透系数 k 值，掌握特定介质渗透系数的测量技术。
2. 通过测量透过砂土的渗流流量和水头损失的关系，验证达西定律。

18.2　实　验　装　置

达西渗流实验装置如图 18-1 所示。

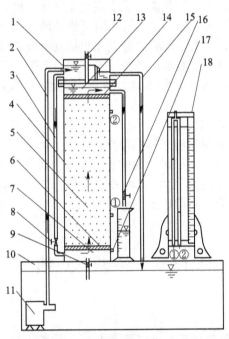

图 18-1　达西渗流实验装置图
1—恒压水箱；2—供水管；3—进水管；4—实验筒；5—实验砂；6—下过滤网；7—下稳水室；
8—进水阀；9—放空阀；10—蓄水箱；11—水泵；12—排气阀；13—上稳水室；14—上过滤网；
15—溢流管；16—出水管与出水阀；17—排气嘴；18—压差计

18.2.1　装置说明

自循环供水如图 18-1 中的箭头所示，恒定水头由恒压水箱 1 提供，水流自下而上，利于排气。实验筒 4 上口是密封的，利用出水管 16 的虹吸作用可提高实验砂的作用水头。

代表渗流两断面水头损失的测压管水头差用压差计 18（气-水 U 形压差计）测量，图中试验筒 4 上的测点①、②分别与压差计 18 上的连接管嘴①、②用连通软管连接，并在两根连通软管上分别设置管夹。被测量的介质可以用天然砂，也可以用人工砂。砂土两端附有滤网，以防细砂流失。上稳水室 13 内装有玻璃球，作用是加压重以防止在渗透压力下砂柱上浮。

18.2.2　基本操作方法

1. 安装实验砂。拧下上水箱法兰盘螺丝，取下上恒压水箱，将干燥的实验砂分层装入筒内，每层 20~30mm，每加一层，用压砂杆适当压实，装砂量应略低于出口 10mm 左右。装砂完毕，在实验砂上部加装过滤网 14 及玻璃球。最后在实验筒上部装接恒压水箱 1，并在两法兰盘之间衬垫两面涂抹凡士林的橡皮垫，注意拧紧螺丝以防漏气漏水，接上压差计。

2. 新装干砂加水。旋开实验桶顶部排气阀 12 及进水阀 8，关闭出水阀 16、放空阀 9 及连通软管上的管夹，开启水泵对恒压水箱 1 供水，恒压水箱 1 中的水通过进水管 3 进入下稳水室 7，如若进水管 3 中存在气柱，可短暂关闭进水阀 8 予以排除。继续进水，待水慢慢浸透装砂圆筒内全部砂体，并且使上稳水室完全充水之后，关闭排气阀 12。

3. 压差计排气。完成上述步骤（2）后，即可松开两连通软管上的管夹，打开压差计顶部排气嘴旋钮进行排气，待两测压管内分别充水达到半管高度时，迅速关闭排气嘴旋钮即可。静置数分钟，检查两测压管水位是否齐平，如不齐平，需重新排气。

4. 测流量。全开进水阀 8、出水阀 16，待出水流量恒定后，用重量法或体积法测量流量。

5. 测压差。测读压差计水位差。

6. 测水温。用温度计测量实验水体的温度。

7. 实验结束。短期内继续实验时，为防止实验筒内进气，应先关闭进水阀 8、出水阀 16、排气阀 12 和放空阀 9（在水箱内），再关闭水泵。如果长期不做该实验，关闭水泵后将出水阀 16、放空阀 9 开启，排除砂土中的重力水，然后，取出实验砂晒干后存放，以备下次实验再用。

18.3　实　验　原　理

18.3.1　渗流水力坡度 J

由于渗流流速很小，故流速水头可以忽略不计。因此总水头 H 可用测压管水头 h 来表示，水头损失 h_w 可用测压管水头差来表示，则水力坡度 J 可用测压管水头坡度来表示：

$$J = \frac{h_w}{l} = \frac{h_1 - h_2}{l} = \frac{\Delta h}{l} \tag{18-1}$$

式中　l——两个测量断面之间的距离（测点间距）；

h_1，h_2——两个测量断面的测压管水头。

18.3.2　达西定律

达西通过大量实验，得到圆筒断面积 A 和水力坡度 J 成正比，并和土壤的透水性能有

关，即

$$v = k \frac{h_{\mathrm{w}}}{l} = kJ \tag{18-2}$$

或

$$q_{\mathrm{v}} = kAJ \tag{18-3}$$

式中　v——渗流断面平均流速；

　　　k——土质透水性能的综合系数，称为渗透系数；

　　　q_{v}——渗流量；

　　　A——圆桶断面面积；

　　　h_{w}——水头损失。

式（18-2）即为达西定律，它表明，渗流的水力坡度，即单位距离上的水头损失与渗流流速的一次方成正比，因此也称为渗流线性定律。

18.3.3　达西定律适用范围

达西定律有一定适应范围，可以用雷诺数 $Re = \dfrac{v d_{10}}{v}$ 来表示。其中，v 为渗流断面平均流速；d_{10} 为土壤颗粒筛分时占 10% 重量土粒所通过的筛分直径；v 为水的运动黏度。一般认为当 Re 小于 1~10 范围之间的值时（如绝大多数细颗粒土壤中的渗流），达西定律是适用的。只有在砾石、卵石等大颗粒土层中渗流才会出现水力坡度与渗流流速不再成一次方比例的非线性渗流（Re 大于 1~10 范围之间的值），达西定律不再适应。

18.4　实验内容及注意事项

18.4.1　实验内容

按照基本操作方法，改变流量 2~3 次，测量渗透系数 k，实验数据处理与分析参考第五部分。

18.4.2　实验注意事项

1. 实验中不允许气体渗入砂土中。若在实验中，下稳水室 7 中有气体滞留，应关闭出水阀 16，打开排气嘴 17，排除气体。

2. 新装砂后，开始实验时，从出水管 16 排出的少量浑浊水应当用量筒收集后予以废弃，以保持蓄水箱 10 中的水质纯净。

18.5　实验分析及讨论

18.5.1　实验数据及分析

（1）记录有关信息及实验常数。

实验设备名称:<u>达西渗流实验仪</u>，实验台号：_____，实验者：

_____，实验日期：_____，砂土名称：_____；测点间距 $l=$___×10^{-2}m；砂筒直径 $d=15.0×10^{-2}$m；$d_{10}=0.03×10^{-2}$m。

（2）实验数据记录及计算结果见表18-1。

表18-1　渗流实验测记表

序次	测点压差/cm			水力坡度 J	流量 q_v			砂筒面积 A/cm²	流速 v /cm·s⁻¹	渗透系数 k /cm·s⁻¹	水温 T /℃	黏度 v /cm²·s⁻¹	雷诺数 Re
	h_1	h_2	Δh		体积/cm³	时间 /s	流量 /cm³·s⁻¹						
1													
2													

（3）成果要求。

完成实验数据记录及计算表。校验实验条件是否符合达西定律适用条件。

18.5.2　实验讨论及思考

1. 不同流量下渗流系数 k 是否相同，为什么？

2. 装砂圆筒垂直放置、倾斜放置时，对实验测得的 q_v，v，J 与渗透系数 k 值有何影响？

实验 19　矩形弯管内的流动实验

19.1　实验目的

1. 熟悉流体经弯道时沿流压力变化规律。
2. 测定沿流内外侧壁压强分布及压力系数。
3. 测定沿断面径向的压强分布及压力系数。

19.2　实验装置

　　矩形弯管实验配置如图 19-1 所示。在弯道内壁及外壁各开等间距的测压孔 10 个，另在弯管断面径向开等间距 9 个测压孔，在弯管进口开一参考测压孔，流体从稳压箱经收缩段流入实验弯管后排入大气。

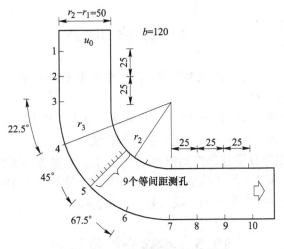

图 19-1　矩形弯管实验配置图

19.3　实验原理

　　1. 若将流体流经弯管的流动当作理想流体平面势流运动，则沿弯道的切向流速 u 呈双曲线分布：

$$u = \frac{c}{r} \tag{19-1}$$

式中　u——曲率半径为 r 处的切向流速，m/s；

r——曲率半径，m；

c——常数，由连续性方程确定 $c = u_0 \dfrac{r_2 - r_1}{\ln\left(\dfrac{r_2}{r_1}\right)}$
\hfill (19-2)

故断面相对速度分布为

$$\frac{u}{u_0} = \frac{r_2 - r_1}{r\ln\left(\dfrac{r_2}{r_1}\right)}$$
\hfill (19-3)

式中　u_0——入口流速；

r_1，r_2——内外侧壁的曲率半径。

2. 当对平面势流的入口及 s—s 断面某 r 处（压强 p_1，速度 u）的流体列能量方程：

$$p_0 + \frac{\rho}{2}u_0^2 = p + \frac{\rho}{2}u^2$$
\hfill (19-4)

则有压力系数为

$$c_p = \frac{p - p_0}{\dfrac{\rho}{2}u_0^2}$$
\hfill (19-5)

式中，p_0、u_0 为入口的静压及流速。

19.4　实　验　步　骤

1. 检查调整多管测压计水泡是否居中，测管中液面是否齐平，确定测压管倾角 α（α 为测压管与铅垂方向夹角）。

2. 将稳压箱，参考孔及外侧壁 10 个测孔分别用橡皮管与多管测压计连接。

3. 接通电源，开机，打开风门，记录各测压管读数。

4. 将外侧壁 10 根橡皮管移到内侧壁 10 个测孔上，记录各测压管读数。

5. 测定径向 9 个测孔上的压强读数，记录各测压管读数（表 19-1）。

6. 关闭风门，停机，切断电源，收拾好各种仪器设备。

19.5　实验分析及思考

19.5.1　实验数据及分析

实验数据及分析如表 19-1 所示。

（1）班级：_____，姓名：_____，学号：_____，实验日期：_____年_____月_____日。

（2）大气压强 p_0 = _____（Pa），气流温度 t = _____（℃），密度 ρ = _____（kg/m³），稳压箱全压读数 $p_全$ = _____（Pa），参考孔静压 p_0 = _____（Pa），校正系数 φ 取 1。

（3）入口动压 $\dfrac{1}{2}\rho u_0^2 = \varphi(p_气 - p_0) = $ _____ （Pa）。

表 19-1　记录表格和计算表格

测孔	外侧壁面		内侧壁面		径向截面	
	p/Pa	$c_p = \dfrac{p - p_0}{\frac{1}{2}\rho u_0^2}$	p/Pa	$c_p = \dfrac{p - p_0}{\frac{1}{2}\rho u_0^2}$	p/Pa	$c_p = \dfrac{p - p_0}{\frac{1}{2}\rho u_0^2}$
1						
2						
3						
4						
5						
6						
7						
8						
9						
10						

19.5.2　实验讨论及思考

1. 流体通过弯管时沿流动方向上，在内外侧壁的压强分布有何特点？
2. 当流体通过弯管时，在断面径向压强分布有何特点？

实验 20 平板附面层实验

20.1 实 验 目 的

1. 测定平板附面层（边界层）断面流速分布。
2. 熟悉平板附面层沿流发展的特征。

20.2 实 验 装 置

1. 在收缩段出口处的实验段中部，垂直安装一块铝制平板（壁面一侧光滑，另一侧为均匀粗糙），该板可沿实验段上下滑动（见图 20-1）。

2. 实验段出口装置有精密毕托管，可在 y 向移动，以测出附面层速度变化（毕托管通过橡皮管连接多管测压计）。

3. 毕托管 y 向移动位置由千分卡尺横向移动装置确定，并附有接触指示灯。

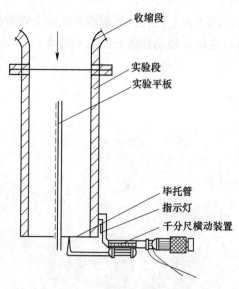

图 20-1 平板附面层实验装置图

20.3 实 验 原 理

实际流体存在黏性，紧贴壁面的流体将黏附于固体表面，其相对速度为零。沿壁面法向随着与壁面距离的增长，流体速度逐渐增加，在距离达 δ 处，流速达到未受扰动的主流

流速 u_0，这个厚度为 δ 的薄层叫作边界层（附面层）。通常规定以壁面到 $u = 0.99u_0$ 处的这段距离作为边界层厚度 δ。

边界层的厚度沿平板长度方向是顺流渐增。在平板迎流的前段是层流边界层；如果平板足够长，则边界层可以过渡到紊流边界层，从层流到紊流的过渡，取决于 Re 的大小，故用临界雷诺数 $Re_k = \dfrac{ux}{\nu}$ 来判断过渡位置（见图 20-2）。

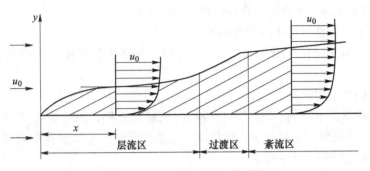

图 20-2　平板边界层的一般特征

20.3.1　位移厚度 δ_1

由于边界层的存在，流速降低，使通过的流量减少，减少的流量挤入边界层外部，迫使边界层外部的流线向外移动了一定的距离，这个距离称为边界层的位移厚度，用 δ_1 表示。

由于位移厚度的影响，实际上 $u_0 > u_\infty$，但本实验中位移厚度小，故近似取 $u_0 > u_\infty$。

即
$$u_{01} = \int_0^\infty (u_0 - u)\, \mathrm{d}x \tag{20-1}$$

$$\delta_1 = \int_0^\infty \left(1 - \frac{u}{u_0}\right) \mathrm{d}y = \int_0^\delta \left(1 - \frac{u}{u_0}\right) \mathrm{d}y \tag{20-2}$$

20.3.2　动量损失厚度 δ_2

由于流速的降低使得通过边界层区域的流体动量减少，在边界层内实际的流量为 $\int_0^\infty u\,\mathrm{d}y$，动量为 $\int_0^\infty u^2\,\mathrm{d}y$。如果设想流速未受到阻滞，为理想流体的流速 u_0，则动量为 $\int_0^\infty uu_0\,\mathrm{d}y$，二者之差 $\int_0^\infty (uu_0 - u^2)\,\mathrm{d}y$，相当于一个厚度为 δ_2 的流体层当流速为 u_0 时所具有的动量（见图 20-3）。

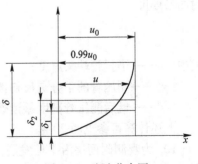

图 20-3　流速分布图

即
$$\rho u_0^2 \delta_2 = \rho \int_0^\infty (uu_0 - u^2)\, \mathrm{d}y \tag{20-3}$$

$$\delta^2 = \int_0^\infty \frac{u}{u_0}\left(1 - \frac{u}{u_0}\right) dy = \int_0^\delta \frac{u}{u_0}\left(1 - \frac{u}{u_0}\right) dy \qquad (20\text{-}4)$$

20.4 实验步骤

1. 检查测压计水泡是否居中，玻璃管中指示液是否齐平，根据实验需要，调整好测压计液面高度与倾角 a（a 为测压管与铅垂方向夹角）。

2. 检查实验平板是否与实验段壁面平行。

3. 确定平板附面层量测断面（选定 x 坐标），并将毕托管尾部用橡皮管连接到测压计上。

4. 拿开实验台上面板。

5. 将接触指示灯电线的一端与固定板用的铜螺丝连接，另一端与毕托管连接，缓慢旋转千分卡尺，毕托管随之可在 y 方向移动。当毕托管刚一触及实验平板时，指示灯即发出亮光，立即停止旋转千分卡尺。

6. 接通电源，开机，打开风门，进入测试。

7. 记录千分卡尺亮灯时的千分卡初读数 y' 和测压计初读数。

8. 反向旋转千分卡尺（此时亮灯熄灭，示意毕托管在 y 方向离开实验平板），每反旋 0.05mm 千分尺读数时，记录下此时的 y'' 及相应测压计读数（此时在 y 方向有不同测点读数）。由实验平板 y 方向测定 15~20 个测点。

9. 在收缩段末尾，实验段入口，测出来流速度 u_0，并换算相应的流速 $u = 0.99u_0$（δ 标定值）及对应的测压管读数 Δh

$$\Delta h = \frac{1}{\varphi^2} \cdot \frac{r_2}{r_1} \cdot \frac{1}{\cos\alpha} \cdot \frac{u^2}{2g} \qquad (20\text{-}5)$$

式中　φ——毕托管校正系数（取 1）；

　　　r_1——测压管指示液容重，N/m³；

　　　r_2——来流（空气）的容重，N/m³；

　　　α——测压管与铅垂方向夹角；$u = 0.99u_0$，m/s。

当千分卡尺移动，使测压管高差亦为 Δh 时，立即停止旋转千分卡，这时的 y 值即为附面层厚度

$$\delta = (y'' - y') + \frac{b}{2} \qquad (20\text{-}6)$$

式中　b——毕托管端头厚度；

　　　y'——测压管的千分卡尺初读数；

　　　y''——最后测压管高度差读数为 Δh 时的千分卡读数。

上述计算可参见图 20-4。

10. 为观测附面层沿平板发展：$\delta_x = f(x)$，松动平板固定螺丝，使实验平板可在 x 向自由移动，每选定一个 x 位置后，重复实验步骤（9），可观测到不同 x 处的 δ_x 情况。

11. 记录稳压箱中压强，大气温度及大气压。

12. 实验结束后关闭风门，停机，切断电源，收拾好各种仪器，使设备恢复原状。

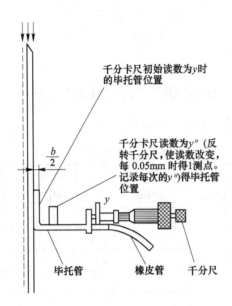

千分卡尺初始读数为y时的毕托管位置

千分卡尺读数为y″（反转千分尺，使读数改变，每0.05mm时得1测点。记录每次的y″得毕托管位置

$\frac{b}{2}$

y

毕托管   橡皮管   千分尺

图 20-4 某断面上 y 向测点图

20.5 实验分析及思考

20.5.1 实验数据及分析

班级：_____，姓名：_____，学号：_____，实验日期：_____年_____月_____日。

实验记录及成果计算：

气体温度 $t =$ _____（℃），大气压强 $p_a =$ _____（Pa），稳压箱压强 $p_0 =$ _____（Pa）。

气体压强 = _____（kg/m³），气体容重 $\gamma_2 = \rho g =$ _____（N/m³）。

测压管指示液容重 $\gamma_1 =$ _____（N/m³），毕托管校正系数 φ 取 1，测压管与铅垂方向夹角 $a =$ _____，$\cos a =$ _____，气体动力黏滞系数 $\mu =$ _____（×10⁻⁵Pa·s），运动黏滞系数 $\nu = \dfrac{\mu}{\rho} =$ _____（×10⁻⁶m²/s），实验平板长度 $L = 300$（mm），毕托管端头宽度 $b =$ _____（mm）。

某一断面上任意点 y 的速度 u 与来流速度 u_0 之比可用关系式得到

$$\frac{u}{u_0} = \sqrt{\frac{p}{p_0}} \tag{20-7}$$

式中 p——对应流速 u 时毕托管测得的压强；

p_0——对应流速 u_0 的来流压强。

u 及 u_0 可用下面的公式计算：

$$u = \varphi \sqrt{2g \frac{r_1}{r_2} \Delta h \cdot \cos\alpha} \qquad (20\text{-}8)$$

式中，Δh 为测得压头差。

光滑实验平板壁面 y 方向边界层内流速分布计算：$b = $ _____ （mm），$R_1 = \dfrac{u_0 L}{v} = $ _____，千分卡尺初读数（指示灯亮灯时）$y' = $ _____ （mm）（表 20-1）。

表 20-1　实验记录表

测点	各测点千卡尺读数 y''/mm	毕托管距实验平板距离/mm	附面层厚度 δ/mm	压力计读数 $h_1/\text{mmH}_2\text{O}$	测得压差 $\Delta h/\text{mmH}_2\text{O}$	$\dfrac{u}{u_0}$	$\dfrac{y'}{\delta}$
1							
2							
3							
4							
5							
6							
7							
8							
9							
10							
11							
12							
13							
14							
15							

注：$1\text{mmH}_2\text{O} = 9.8\text{Pa}$。

20.5.2　实验讨论及思考

1. 什么是附面层，如何标定它？
2. 附面层内流体质点做什么运动？
3. 附面层 δ 沿流（沿 x 向）是如何发展的？

实验 21　水　跃　实　验

21.1　实　验　目　的

1. 观察水跃现象的特征和三种类型的水跃。

2. 检验平坡矩形明槽自由水跃共轭水深理论关系的合理性，并将实测值与理论计算值进行比较。测定跃长，检验跃长经验公式的可靠性。

3. 了解水跃的耗能效果。

4. 比较不同 F_r 五种形态水跃的流动特征。

21.2　实　验　装　置

实验槽结构如图 21-1 所示，其供排水系统与堰流实验相同。

堰、闸出流均可产生水跃。若以堰流做水跃实验（图 21-2）时，虽能进行一般水跃实验，包括共轭水深关系、跃长、消能率的实验，但由于堰上水位 ∇_1 完全取决于实验流量 Q，F_r 可调范围较窄，不足以进行五种形态水跃的流动特征实验，故通常采用闸下出流做水跃实验。闸下出流除可调

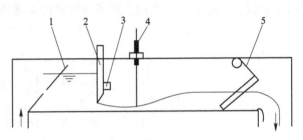

图 21-1　水跃实验槽示意图
1—稳水孔板；2—闸板；3—测针；4—高程标志块；
5—多孔尾门

节尾门改变下游水位 ∇_5，还可通过调节图 18-1 中闸板 2 的开度，变堰顶水位 ∇_1，不仅可得到临界、远驱、淹没三种类型的水跃，还能较大幅度地改变 F_r，从而演示上述五种形态水跃的流动特征。

本实验流量由三角堰量水槽测量，水位由测针 3 测量。

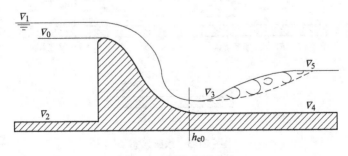

图 21-2　堰流水跃实验

21.3 实 验 原 理

通过实验可测定完整水跃共轭水深、跃长、消能率，并可验证平坡矩形槽中自由水跃计算的下列理论公式：

$$h' = \frac{h''}{2}\left(\sqrt{1 + 8\frac{q^2}{gh''3}} - 1\right) \tag{21-1}$$

$$L_B = 6.1h'' \tag{21-2}$$

$$\Delta H_j = \frac{(h'' - h')^3}{4h'h''} \tag{21-3}$$

$$\eta = \frac{\Delta H_j}{H_1} \tag{21-4}$$

式中 ΔH_j——水跃的能量损失；

H_1——跃前断面总能头，$H_1 = h' + \dfrac{v_1^2}{2g}$。

为测定消能率，可选平坡渠底为基准，然后由槽宽 b 和实测的 h'、h'' 值确定水跃前后断面的总能头 E_1 和 E_2，再由下列各式换算得实测消能率 η'：

$$\eta' = \frac{\Delta E}{E_1} \tag{21-5}$$

$$E_1 = h' + \left(\frac{Q}{bh'}\right)/2g \tag{21-6}$$

$$E_2 = h'' + \left(\frac{Q}{bh''}\right)/2g \tag{21-7}$$

$$\Delta E = E_1 + E_2 \tag{21-8}$$

该装置还可演示远驱、临界和淹没三种水跃以及按 F_r 不同而区分的五种形态水跃（图 21-3）。

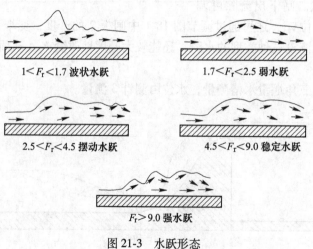

1<F_r<1.7 波状水跃   1.7<F_r<2.5 弱水跃

2.5<F_r<4.5 摆动水跃   4.5<F_r<9.0 稳定水跃

F_r>9.0 强水跃

图 21-3　水跃形态

保持流量约 $1000\sim2000\mathrm{cm}^3/\mathrm{s}$ 不变，调节闸板开度，使闸下跃前的 F_r 由 $1\rightarrow10$ 逐渐变化，可观察到如图 21-3 所示的五种形态水跃。其中

$$F_r = \frac{v_1}{\sqrt{gh'}} \tag{21-9}$$

各种水跃特征如下：

1. 波状水跃：水面有突然波状升高，无表面旋滚，消能率低，波动距离远。

2. 弱水跃：水跃高度较小，跃区紊动不强烈，跃后水面较为平稳，其消能率低于 20%。

3. 摆动水跃：流态不稳定，水跃振荡，跃后水面波动较大，且向下游传播较远。

4. 稳定水跃：水跃稳定，跃后水面较平稳，消能率可达 $46\%\sim70\%$，是底流消能较理想的流态。

5. 强水跃：流态汹涌，表面旋流强烈，下游波动较剧，影响较远，消能率可达 70% 以上，但消能工的造价高。一般 $F_r>13$ 当时，因底流消能工更昂贵，宜改用挑流或其他形式消能。

21.4　实　验　步　骤

1. 测记有关固定常数。

2. 打开进水阀，并适当开启闸板，待上游水位稳定后，再调节尾门，分别使闸下发生三种类型水跃，即远驱式、临界式和淹没式水跃；仔细观察水跃现象，并分别绘出其示意图。

3. 调控进水阀门开度，使下游产生完全水跃，分别测记三角堰测针读数、共轭水深和跃长（测量共轭水深需用断面 3 点平均）。

4. 调节流量 $Q=800\sim1000\mathrm{cm}^3/\mathrm{s}$ 左右，闸板开度 $e=0.5\sim1\mathrm{cm}$，同时调控阀门，使闸上水位在测针可读范围内最高，测记 F_r，观察 $F_r>9$ 时的强水跃特征。

5. 适当调小 e，使 $4.5<F_r<9$，调节尾门使之形成稳定水跃。然后增大流量（至 $4000\mathrm{cm}^3/\mathrm{s}$ 左右），调节开度 e 与尾门高度，依次形成摆动水跃、弱水跃和波状水跃，并观察其消能效果和流动特征。

21.5　实验分析及思考

21.5.1　实验成果

1. 以 $F_r=v_1/\sqrt{gh'}$（v_1 跃前断面平均流速）为横坐标，$\eta=h''/h'$ 为纵坐标，画出用计算公式求得的理论曲线，和实验值相比较，并进行分析讨论。

2. 按经验公式算得跃长，并和实测值进行比较。

3. 计算相应的 ΔH_j 和 $\Delta H_j/H_1$，进行分析讨论。

4. 定性绘制上游至水跃跃后段的总能头线。

21.5.2　报告要求

1. 实验目的要求；
2. 实验成果，包括有关曲线和测记表（见表 21-1）；
3. 成果分析讨论，包括实验结论，有关思考题的讨论。

表 21-1　水跃实验测记表

三角堰测针读数 ∇_{01}	实验流量 Q /cm³·s⁻¹	跃前水深/cm		跃后水深/cm			水跃长度/cm		水跃损失 ΔH_j/cm	跃前水头 H_1/cm	消能率 $\eta = \dfrac{\Delta H_j}{H_1}$	F_r
		水面读数 ∇_3	实测均值 $\overline{\nabla}_3 h'$	水面读数 ∇_5	实测均值 $\overline{\nabla}_3 h'$	计算值 h''	实测值 L'_s	计算值 L_s				

21.5.3　实验讨论及思考

1. 测量水深时，水位有波动，应如何取其平均值？
2. 如何判断跃前水深和跃后水深的位置，怎样测量水跃长度？
3. 在同一流量下，为什么调节下游尾门可出现三种不同类型的水跃？另当尾门不变时，能否用其他方法获得三种类型的水跃？
4. 五种形态水跃中哪种水跃的消能效果较好，为什么实验工程中大多采用稳定水跃？
5. 请独立构思平板锐缘闸门的流速系数 φ 的测定实验。

第四部分 创新设计实验

实验 22　煤矿通风阻力测定实验

22.1　实　验　目　的

1. 熟悉通风测定仪器仪表，掌握相关通风参数的测定方法。
2. 了解矿井通风阻力测定路线的选择、测点布置等。
3. 掌握通风阻力测定方法及多种通风参数的综合测定技能。
4. 加深理解能量方程、连续方程、阻力定律在通风中的应用。

22.2　实　验　装　置

矿井通风综合实验装置（图22-1）、毕托管、U形压差计、倾斜压差计、胶皮管、三通阀、气压计、干湿温度计、量尺、运动型秒表等。

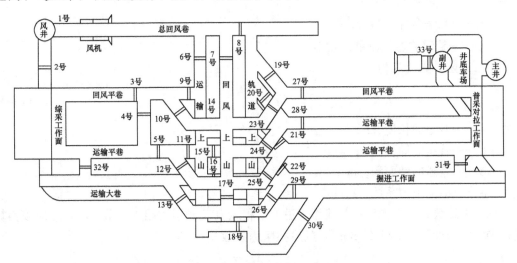

图 22-1　风向风速测定与设计实验装置

22.3　实　验　原　理

22.3.1　井巷通风水头损失及井巷风阻

井巷通风水头损失（包括沿程损失、局部损失）反映的是单位重力的风流在巷道中流动的能量损失，用能量方程来计算

$$h_w = \left(z_1 + \frac{p_1}{\rho_1 g} + \frac{1}{2g} v_1^2\right) - \left(z_2 + \frac{p_2}{\rho_2 g} + \frac{1}{2g} v_2^2\right) \tag{22-1}$$

式中　h_w——井巷通风总水头损失，mmH_2O；

p_1，p_2——巷道始、末两断面的静压，Pa；

ρ_1，ρ_2——巷道始、末两断面的空气密度，kg/m^3；

v_1，v_2——巷道始、末两断面的平均风速，m/s；

z_1，z_2——巷道始、末两断面中心到基准面高度，m。

　　井巷风阻系数是反映井巷壁面条件、几何参数及断面变化的通风特性参数。根据通风阻力定律可以测算其值，即

$$R = \frac{h_w}{Q^2} \tag{22-2}$$

式中　Q——管道的通风流量，m^3/s；

R——风阻系数，kg/m^7。

22.3.2　沿程损失、沿程风阻及沿程阻力系数

　　当风流沿断面均一的直线巷道流动时，通风损失只有沿程损失。此时

$$h_w = h_f = R_f Q^2 \tag{22-3}$$

式中　h_f——沿程损失，Pa；

R_f——沿程风阻，kg/m^7；

Q——管道的通风流量，m^3/s。

　　沿程风阻计算公式为

$$R_f = \frac{\alpha L U}{S^3} \tag{22-4}$$

式中　L——管道的长度，m；

U——管道的周长，m；

S——管道的断面积，m^2；

α——沿程阻力系数，kg/m^3。

　　通过上述公式可以测定计算典型巷道的沿程风阻 R_f 和沿程阻力系数 α。一般应该换算成标准空气密度下（$\rho = 1.2 kg/m^3$）的摩擦阻力系数 α_0，即

$$\alpha_0 = \frac{1.2\alpha}{\rho} \tag{22-5}$$

22.3.3　局部损失、局部阻力及局部阻力系数

　　风流受到巷道转弯或断面变化等局部扰动而集中产生的能量损失称为局部损失，相应的流动阻力称为局部阻力，如图 22-2 所示。

　　由 $h_j = h_w - h_f$ 得到

$$h_j = h_w - \frac{\alpha L U}{S^3} Q^2 \tag{22-6}$$

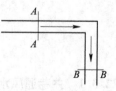

图 22-2　巷道转弯局部
阻力示意图

式中　h_w——AB 段的水头损失，Pa；

　　　h_j——AB 段局部阻力，Pa，测定值；

　　　α——AB 段风道沿程阻力系数，kg/m^3；

　　　L——AB 段中线的长度，m。

由 $h_j = \xi \dfrac{v^2}{2g}$ 可以测算局部阻力系数

$$\xi = \frac{2h_j}{\rho v^2} \qquad (22\text{-}7)$$

式中　v——参考断面的平均流速；

　　　ξ——局部损失系数，一般由实验测定。理论上，ξ 取决于流道的局部形状变化和雷诺数。

22.4　实验方法与步骤

22.4.1　井通风阻力测点的选定

通风阻力测点布置如图 22-3 所示。选择一条由进风井到回风井的通风路线，可以实现对全矿井通风阻力的测定。其中测点 1~4 设置在总进风巷道上，①~⑥设置在某一个工作面风路上，①~③设置在总通风回路上。通风路线的通风阻力为该通风路线上各巷道段的通风阻力之和。

$$H_R = \sum h_{wi} \qquad (22\text{-}8)$$

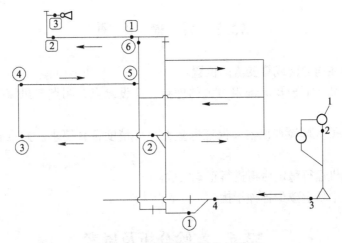

图 22-3　通风阻力测点布置

22.4.2　测点的静压测定

根据风流静压力的测定方法不同可以分为气压计法和压差计法。

22.4.2.1　气压计法

（1）逐点测定法。适用于测点较多的情况。测定方法是用一台气压计逐点测定各个测点风流的静压值，同时测算各测点的风速、断面积、测点的标高和风流的密度。另外需设一固定基点，用气压计监测测定过程中大气压的变化。

各段的通风阻力计算公式为

$$h_w = (p_1 - p_2) + \left(\frac{1}{2}\rho_1 v_1^2 - \frac{1}{2}\rho_2 v_2^2\right) + (\rho_{m1} g z_1 - \rho_{m2} g z_2) + (B_2 - B_1) \qquad (22\text{-}9)$$

式中　B_1——测试点静压 p_1 时，基点气压计的读数，Pa；

　　　B_2——测试点静压 p_2 时，基点气压计的读数，Pa；

ρ_{m1}，ρ_{m2}——各段空气平均密度，kg/m^3。

（2）同时测定法。每段巷道用两台气压计同时测定其始点和末点的静压。另外仍需测算各测点的风速、断面积、测点的标高和风流的密度。

各段的通风阻力计算公式为

$$h_w = (p_1 - p_2) + \left(\frac{1}{2}\rho_1 v_1^2 - \frac{1}{2}\rho_2 v_2^2\right) + (\rho_{m1} g z_1 - \rho_{m2} g z_2) + (B_{02} - B_{01}) \qquad (22\text{-}10)$$

式中　B_{01}、B_{02}——初始时两台气压计的读数，Pa。

22.4.2.2　压差计法

用胶皮管和压差计连接直接测定巷道段的静压差。同时需测算测点的平均风速、断面积及风流的密度。测段的通风阻力计算公式为

$$h_w = \Delta h + \left(\frac{v_1^2}{2g} - \frac{v_2^2}{2g}\right) \qquad (22\text{-}11)$$

式中　Δh——被测段巷道的压差计读数，Pa。

22.5　注意事项

1. 测点布置在均匀流或缓变流的位置。

2. 在风流分叉、汇合及局部阻力大的地点，应设测点，测点与风流变化点之间应有一定的距离。

3. 测定前必须认真检查仪器，保证电量充足，精度符合要求。并准备记录表格及相应的图纸。

4. 必须等风机运行稳定后再进行正式实验。

5. 实验过程中尽量减少各种干扰。

22.6　实验分析及思考

22.6.1　实验数据及分析

根据不同测定内容、方法整理实验报告。例如：采用逐点法测定通风阻力，测定数据的整理所采用表格形式见表 22-1 和表 22-2（表格仅作参考）。

表 22-1　通风阻力测定数据记录表

测定路线：　　　　　　　　　　　　　测定时间：　　年　　月　　日　　测定组：

测点编号	测点位置	断面形状	支护形式	测点标高/m	断面尺寸			测点风速/m·s⁻¹	温度		压力			备注
					高/m	宽/m	面积/m²		干球温度/℃	湿球温度/℃	差压读数/mmH₂O	绝对压力/MPa	基点压力/mmH₂O	

注：$1mmH_2O = 9.8Pa$。

表 22-2　通风阻力计算结果表

测段	巷道名称	巷道断面形状	支护形式	长度/m	断面面积/m²	风量/m³·s⁻¹	静压差/Pa	位压差/Pa	动压差/Pa	通风阻力/Pa	风阻/kg·m⁻⁷	阻力系数/kg·m⁻³	备注

22.6.2　实验讨论及思考

1. 通风阻力测定的方法有哪些？并进行分析比较。

2. 影响通风阻力测定精度的因素有哪些，如何减小通风阻力测定误差？

附　　录

水的黏度表，见附表1。

附表 1　水的黏度表（0~40℃）

温度 T		黏度 μ		温度 T		黏度 μ	
T/℃	T/K	μ/c_p	$\mu/\mathrm{Pa \cdot s}$	T/℃	T/K	μ/c_p	$\mu/\mathrm{Pa \cdot s}$
0	273.15	1.7921	1.7921×10^{-3}	20.2	293.35	1.0000	1.0000×10^{-3}
1	274.15	1.7313	1.7313×10^{-3}	21	294.15	0.9810	0.9810×10^{-3}
2	275.15	1.6728	1.6728×10^{-3}	22	295.15	0.9579	0.9579×10^{-3}
3	276.15	1.6191	1.6191×10^{-3}	23	296.15	0.9358	0.9358×10^{-3}
4	277.15	1.5674	1.5674×10^{-3}	24	297.15	0.9142	0.9142×10^{-3}
5	278.15	1.5188	1.5188×10^{-3}	25	298.15	0.8937	0.8937×10^{-3}
6	279.15	1.4728	1.4728×10^{-3}	26	299.15	0.8737	0.8737×10^{-3}
7	280.15	1.4284	1.4284×10^{-3}	27	300.15	0.8545	0.8545×10^{-3}
8	281.15	1.3860	1.3860×10^{-3}	28	301.15	0.8360	0.8360×10^{-3}
9	282.15	1.3462	1.3462×10^{-3}	29	302.15	0.8180	0.8180×10^{-3}
10	283.15	1.3077	1.3077×10^{-3}	30	303.15	0.8007	0.8007×10^{-3}
11	284.15	1.2713	1.2713×10^{-3}	31	304.15	0.7840	0.7840×10^{-3}
12	285.15	1.2363	1.2363×10^{-3}	32	305.15	0.7679	0.7679×10^{-3}
13	286.15	1.2028	1.2028×10^{-3}	33	306.15	0.7523	0.7523×10^{-3}
14	287.15	1.1709	1.1709×10^{-3}	34	307.15	0.7371	0.7371×10^{-3}
15	288.15	1.1404	1.1404×10^{-3}	35	308.15	0.7225	0.7225×10^{-3}
16	289.15	1.1111	1.1111×10^{-3}	36	309.15	0.7085	0.7085×10^{-3}
17	290.15	1.0828	1.0828×10^{-3}	37	310.15	0.6947	0.6947×10^{-3}
18	291.15	1.0559	1.0559×10^{-3}	38	311.15	0.6814	0.6814×10^{-3}
19	292.15	1.0299	1.0299×10^{-3}	39	312.15	0.6685	0.6685×10^{-3}
20	293.15	1.0050	1.0050×10^{-3}	40	313.15	0.6560	0.6560×10^{-3}

国际温标纯水密度表，见附表2。

附表 2　国际温标纯水密度表　　　　　　　　（kg/m³）

$T_{90}/℃$	0	0.1	0.2	0.3	0.4	0.5	0.6	0.7	0.8	0.9
0	999.84	999.846	999.853	999.859	999.865	999.871	999.877	999.883	999.888	999.893
1	999.898	999.904	999.908	999.913	999.917	999.921	999.925	999.929	999.933	999.937
2	999.94	999.943	999.946	999.949	999.952	999.954	999.956	999.959	999.961	999.962
3	999.964	999.966	999.967	999.968	999.969	999.97	999.971	999.971	999.972	999.972
4	999.972	999.972	999.972	999.971	999.971	999.97	999.969	999.968	999.967	999.965
5	999.964	999.962	999.96	999.958	999.956	999.954	999.951	999.949	999.946	999.943
6	999.94	999.937	999.934	999.93	999.926	999.923	999.919	999.915	999.91	999.906
7	999.901	999.897	999.892	999.887	999.882	999.877	999.871	999.866	999.88	999.854
8	999.848	999.842	999.836	999.829	999.823	999.816	999.809	999.802	999.795	999.788
9	999.781	999.773	999.765	999.758	999.75	999.742	999.734	999.725	999.717	999.708
10	999.699	999.691	999.682	999.672	999.663	999.654	999.644	999.634	999.625	999.615
11	999.605	999.595	999.584	999.574	999.563	999.553	999.542	999.531	999.52	999.508
12	999.497	999.486	999.474	999.462	999.45	999.439	99.426	999.414	999.402	999.389
13	999.377	999.384	999.351	999.338	999.325	999.312	999.299	999.285	999.271	999.258
14	999.244	999.23	999.216	999.202	999.187	999.173	999.158	999.144	999.129	999.114
15	999.099	999.084	999.069	999.053	999.038	999.022	999.006	998.991	998.975	998.959
16	998.943	998.926	998.91	998.893	998.876	998.86	998.843	998.826	998.809	998.792
17	998.774	998.757	998.739	998.722	998.704	998.686	998.668	998.65	998.632	998.613
18	998.595	998.576	998.557	998.539	998.52	998.501	998.482	998.463	998.443	998.424
19	998.404	998.385	998.365	998.345	998.325	998.305	998.285	998.265	998.244	998.224
20	998.203	998.182	998.162	998.141	998.12	998.099	998.077	998.056	998.035	998.013
21	997.991	997.97	997.948	997.926	997.904	997.882	997.859	997.837	997.815	997.792
22	997.769	997.747	997.724	997.701	997.678	997.655	997.631	997.608	997.584	997.561
23	997.537	997.513	997.49	997.466	997.442	997.417	997.393	997.396	997.344	997.32
24	997.295	997.27	997.246	997.221	997.195	997.17	997.145	997.12	997.094	997.069
25	997.043	997.018	996.992	996.966	996.94	996.914	996.888	996.861	996.835	996.809
26	996.782	996.755	996.729	996.702	996.675	996.648	996.621	996.594	996.566	996.539
27	996.511	996.484	996.456	996.428	996.401	996.373	996.344	996.316	996.288	996.26
28	996.231	996.203	996.174	996.146	996.117	996.088	996.059	996.03	996.001	996.972
29	995.943	995.913	995.884	995.854	995.825	995.795	995.765	995.753	995.705	995.675
30	995.645	995.615	995.584	995.554	995.523	995.493	995.462	995.431	995.401	995.37
31	995.339	995.307	995.276	995.245	995.214	995.182	995.151	995.119	995.087	995.055
32	995.024	994.992	994.96	994.927	994.895	994.863	994.831	994.798	994.766	994.733
33	994.7	994.667	994.635	994.602	994.569	994.535	994.502	994.469	994.436	994.402
34	994.369	994.335	994.301	994.267	994.234	994.2	994.166	994.132	994.098	994.063
35	994.029	993.994	993.96	993.925	993.891	993.856	993.821	993.786	993.751	993.716

续附表2

$T_{90}/℃$	0	0.1	0.2	0.3	0.4	0.5	0.6	0.7	0.8	0.9
36	993.681	993.646	993.61	993.575	993.54	993.504	993.469	993.433	993.397	993.361
37	993.325	993.28	993.253	993.217	993.181	993.144	993.108	993.072	993.035	992.999
38	992.962	992.925	992.888	992.851	992.814	992.777	992.74	992.703	992.665	992.628
39	992.591	992.553	992.516	992.478	992.44	992.402	992.364	992.326	992.288	992.25
40	992.212	991.826	991.432	991.031	990.623	990.208	989.786	987.358	988.922	988.479
50	988.03	987.575	987.113	986.644	986.169	985.688	985.201	984.707	984.208	983.702
60	983.191	982.673	982.15	981.621	981.086	980.546	979.999	979.448	978.89	978.327
70	977.759	977.185	976.606	976.022	975.432	974.837	974.237	973.632	973.021	972.405
80	971.785	971.159	970.528	969.892	969.252	968.606	967.955	967.3	966.639	965.974
90	965.304	964.63	963.95	963.266	962.577	96.883	961.185	960.482	959.774	959.062
100	958.345									

常用液体密度表，见附表3。

附表3　常用液体密度表

名　称	密度/$g \cdot cm^{-3}$	名　称	密度/$g \cdot cm^{-3}$
汽油	0.70	人血	1.054
乙醚	0.71	盐酸（40%）	1.20
石油	0.76	无水甘油（0℃）	1.26
酒精	0.79	二硫化碳（0℃）	1.29
木精（0℃）	0.80	蜂蜜	1.40
煤油	0.80	硝酸（91%）	1.50
松节油	0.855	硫酸（87%）	1.80
苯	0.88	溴（0℃）	3.12
矿物油（润滑油）	0.9~0.93	水银	13.6
植物油	0.9~0.93	水（0℃）	0.999867
橄榄油	0.92	水（2℃）	0.999968
鱼肝油	0.945	水（4℃）	1.000000
蓖麻油	0.97	水（18℃）	0.998621
氨水	0.93	水（20℃）	0.998229
海水	1.03	水（40℃）	0.992244
牛奶	1.03	水（60℃）	0.983237
醋酸	1.049	水（100℃）	0.958375

注：未注明温度者为常温。

温度与氮气黏度对照表，见附表 4。

附表 4 温度与氮气黏度对照表

$T/℃$	$\mu/mPa \cdot s$	$T/℃$	$\mu/mPa \cdot s$	$T/℃$	$\mu/mPa \cdot s$	$T/℃$	$\mu/mPa \cdot s$
10	0.01704508	15.5	0.01730261	21	0.01755778	26.5	0.01781066
10.5	0.01706859	16	0.01732590	21.5	0.01758080	27	0.01783354
11	0.01709208	16.5	0.01734917	22	0.01760393	27.5	0.01785639
11.5	0.01701555	17	0.01737243	22.5	0.01762697	28	0.01787923
12	0.01713900	17.5	0.01739567	23	0.01755000	28.5	0.01790205
12.5	0.01716243	18	0.01741888	23.5	0.01767301	29	0.01792486
13	0.01718584	18.5	0.01744208	24	0.01769600	29.5	0.01794764
13.5	0.01720923	19	0.01746526	24.5	0.01770897	30	0.01797041
14	0.01723261	19.5	0.01748842	25	0.01774192	31	0.01801588
14.5	0.01725596	20	0.01751156	25.5	0.01776485	32	0.01806129
15	0.01727929	20.5	0.01753468	26	0.01778776	33	0.01810662

一个大气压下的空气黏度，见附表 5。

附表 5 一个大气压下的空气黏度　　　　　　　　　　　　（mPa·s）

$T/℃$	0	10	20	30	40
0	0.01718	0.01768	0.01818	0.01866	0.01914
1	0.01723	0.01773	0.01823	0.01871	0.01919
2	0.01728	0.01778	0.01828	0.01876	0.01924
3	0.01733	0.01783	0.018325	0.01881	0.01929
4	0.01738	0.01788	0.01837	0.01886	0.01933
5	0.01743	0.01793	0.01842	0.01891	0.01938
6	0.01748	0.01798	0.01847	0.01895	0.01943
7	0.01753	0.01803	0.01852	0.01900	0.01947
8	0.01758	0.01808	0.01857	0.01905	0.01952
9	0.01763	0.01813	0.01862	0.01910	0.01957

水的表面张力，见附表 6。

附表 6 水的表面张力

$T/℃$	表面张力/mN · m^{-1}	$T/℃$	表面张力/mN · m^{-1}
0	75.64	20	72.75
5	74.92	21	72.59
10	74.22	22	72.44
11	74.07	23	72.28
12	73.93	24	72.13
13	73.78	25	71.97
14	73.64	26	71.82
15	73.49	27	71.66
16	73.34	28	71.50
17	73.19	29	71.35
18	73.05	30	71.18
19	72.90	35	70.38

参 考 文 献

[1] 袁恩熙. 工程流体力学 [M]. 北京：石油工业出版社，2006.

[2] 倪玲英，李成华. 工程流体力学实验指导书 [M]. 北京：中国石油大学出版社，2009.

[3] 曹文华，李春兰，于达. 工程流体力学实验指导书 [M]. 北京：中国石油大学出版社，2007.

[4] 吴望一. 流体力学 [M]. 北京：北京大学出版社，1983.

[5] 崔海青. 工程流体力学 [M]. 北京：石油工业出版社，1995.

[6] 孔珑. 工程流体力学 [M]. 北京：水利电力出版社，1992.

[7] 潘炳玉. 流体力学泵与风机 [M]. 北京：化学工业出版社，2010.

[8] 高殿荣. 工程流体力学 [M]. 北京：机械工业出版社，1980.

[9] 潘文全. 工程流体力学基础 [M]. 北京：机械工业出版社，1980.

[10] 苏尔皇. 液压流体力学 [M]. 北京：国防工业出版社，1982.

[11] 王致清. 流体力学基础 [M]. 北京：高等教育出版社，1987.

[12] 张也影. 流体力学 [M]. 北京：高等教育出版社，1986.

[13] 毛根海，等. 应用流体力学实验 [M]. 北京：高等教育出版社，2016.

[14] 谭献忠. 流体力学实验指导书 [M]. 南京：东南大学出版社，2015.

[15] 李玉柱. 流体力学 [M]. 北京：高等教育出版社，2008.

[16] 张明辉，滕桂荣，等. 工程流体力学 [M]. 北京：机械工业出版社，2018.

[17] 杜广生. 工程流体力学 [M]. 北京：中国电力出版社，2014.

[18] 吴望一. 流体力学 [M]. 北京：北京大学出版社，1982.

[19] 约翰 D. 安德森. 计算流体力学基础及应用 [M]. 北京：机械工业出版社，2015.

[20] 龙天渝，苏亚欣，等. 计算流体力学 [M]. 重庆：重庆大学出版社，2007.

[21] 阎超. 计算流体力学方法及应用 [M]. 北京：北京航空航天大学出版社，2006.

[22] 时连君，等. 工程流体力学实验教程 [M]. 北京：中国电力出版社，2017.

[23] 滕桂荣，吴立荣. 流体力学实验教程 [M]. 北京：煤炭工业出版社，2019.

[24] 刘鹤年，刘京. 流体力学 [M]. 第 3 版. 北京：中国建筑工业出版社，2015.

[25] 王利军，等. 工程流体力学实验教学指导 [M]. 徐州：中国矿业大学出版社，2016.

[26] 杨斌，李鲤. 工程流体力学实验指导 [M]. 北京：中国石化出版社，2014.

[27] 俞永辉，赵红晓. 流体力学和水力学实验 [M]. 上海：同济大学出版社，2017.

[28] 刘翠容. 工程流体力学实验指导与报告 [M]. 成都：西南交通大学出版社，2011.

[29] 高永卫. 实验流体力学基础 [M]. 湖南：西北工业大学出版社，2002.

[30] 闻建龙. 流体力学实验 [M]. 镇江：江苏大学出版社，2018.

[31] L·普朗特. 流体力学概论 [M]. 北京：科学出版社，2016.

[32] 施红辉. 高等教育理工类精品教材：流体力学入门 [M]. 杭州：浙江大学出版社，2013.

[33] 陈克诚. 流体力学实验技术 [M]. 北京：机械工业出版社，1983.

[34] 龙天渝，童思陈. 流体力学 [M]. 重庆：重庆大学出版社，2018.

[35] 张亮，李云波. 流体力学 [M]. 哈尔滨：哈尔滨工程大学出版社，2001.

[36] 颜大椿. 实验流体力学 [M]. 北京：高等教育出版社，2017.

[37] 王凤聪. 流体力学水力学实验指导 [M]. 青岛：青岛海洋大学出版社，1995.

[38] 高讯，刘翠蓉. 工程流体力学实验 [M]. 成都：西南交通大学出版社，2004.

[39] 奚斌. 水力学工程流体力学实验 [M]. 北京：中国水利水电出版社，2007.

[40] 屠大燕. 流体力学与流体机械 [M]. 北京：中国建筑工业出版社，1994.